Du Pays basque au Pays catalan

sur les pas des écrivains

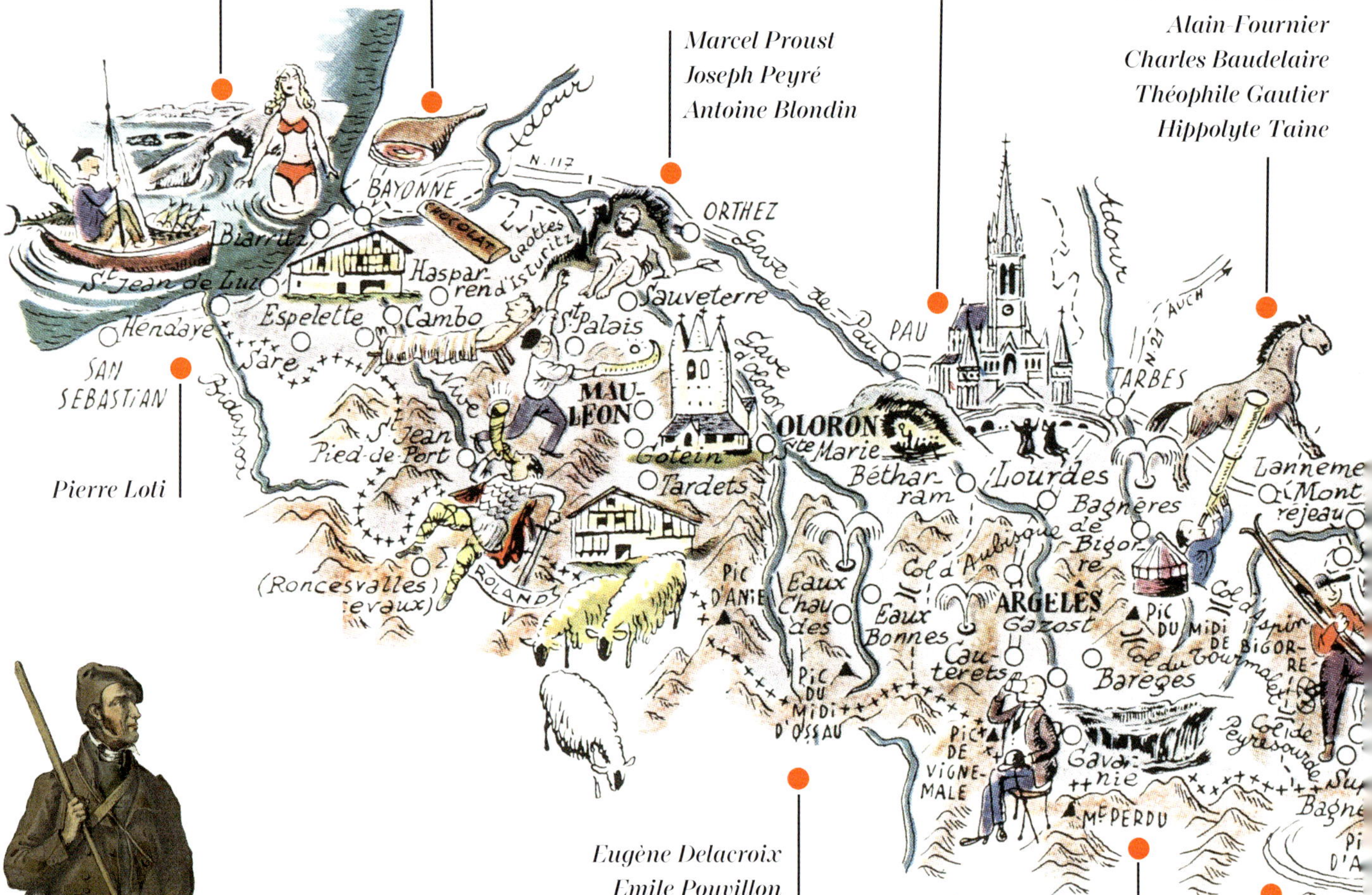

Édouard Pingret
Charlet, guide de Ramond au pic du Mont Perdu

Gustave Flaubert
Vincent de Chausenque
Otto von Bismarck
Octave Mirbeau
Guy de Maupassant
Edmond Rostand
François Mauriac

Julien Gracq
Michel Roquebert

Antoine de Saint-Exupéry
Albert Bausil
Charles Trenet

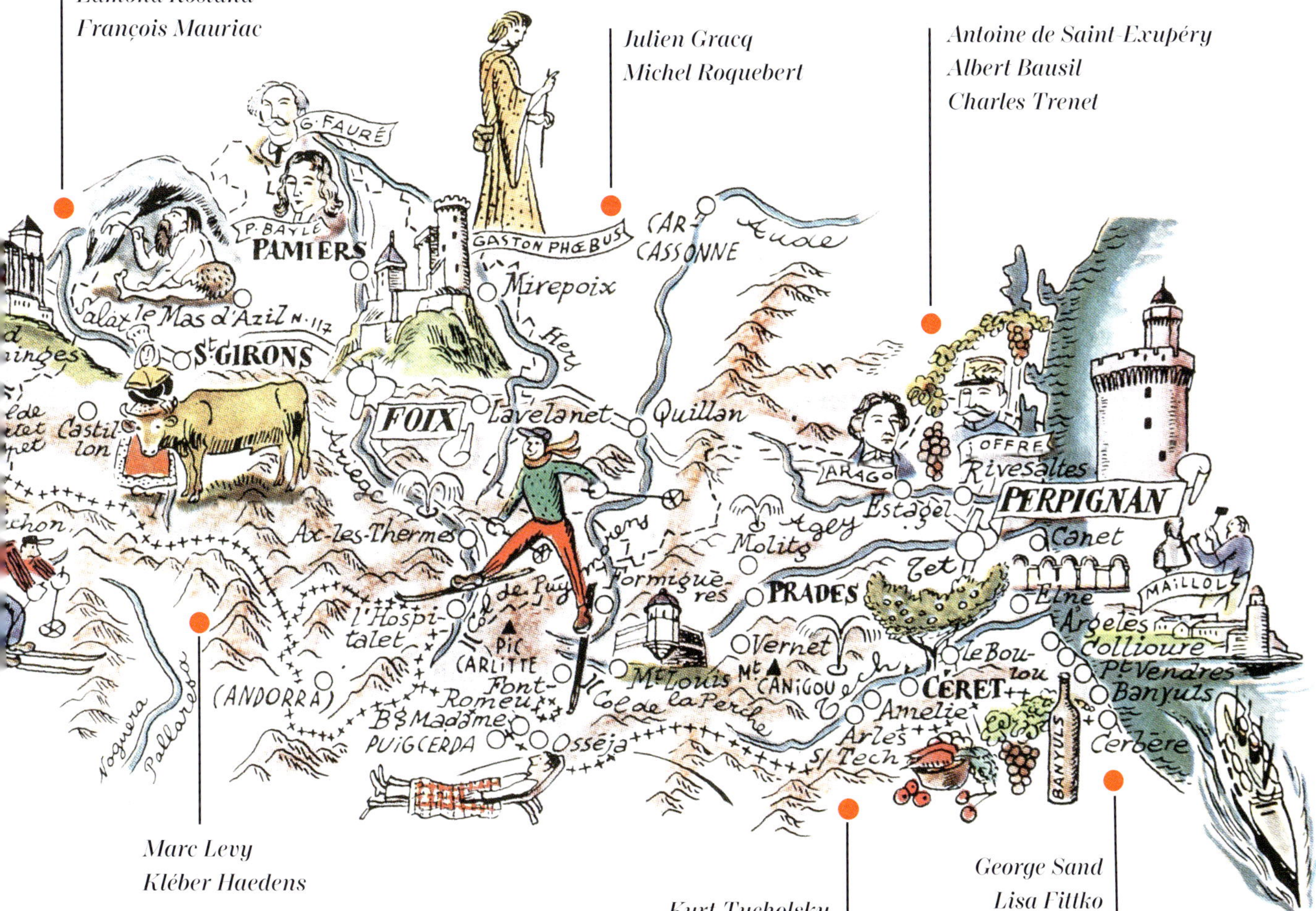

Marc Levy
Kléber Haedens

Kurt Tucholsky
Rudyard Kipling
Adolphe Thiers

George Sand
Lisa Fittko
Paul Fort
Claude Simon

« Bien jeune encore, j'ai vu les Pyrénées.
La vive impression que firent sur moi
leurs masses sourcilleuses ne s'est plus effacée... »

Vincent de Chausenque

SOMMAIRE

LUCHON et L'ANETO p.98

De L'ARIÈGE à la MÉDITERRANÉE p.128

Pays Basque et Béarn

« Sur la même place de rebot,
où Basques-Français et Basques-Espagnols
venaient de se livrer une rude bataille,
les danseurs souletins semblaient
se déplacer sans toucher le sol. »

Francis Jammes

Danseurs et musiciens basques en costume, Ramiro Arrue y Valle

Hans Christian Andersen

1805 - 1875

EN DILIGENCE ENTRE LES SOMMETS

Hans Christian Andersen est un écrivain danois, auteur de célèbres contes pour enfants (*Le Vilain Petit Canard, La Petite Sirène, La Reine des neiges, Les Habits neufs de l'empereur*). Il est né dans une famille pauvre et son père, cordonnier, meurt lorsqu'il a onze ans. Il commence à publier ses textes à 17 ans et obtient un premier succès avec *Reflets d'un voyage dans le Harz*, récit d'un périple en Europe. Par la suite, il écrit d'autres romans souvent autobiographiques et d'inspiration romantique, mais aussi des poèmes, des pièces de théâtre et des récits de voyage. Entre 1832 et 1842, paraissent en brochures ses premiers contes, écrits « pour s'amuser » ; le succès immédiat l'encourage à poursuivre et à en publier chaque année. Il en écrit ainsi près de cent cinquante, traduits en plus de quatre-vingt langues, qui connaissent un engouement jamais démenti et sont encore aujourd'hui une source d'inspiration inépuisable pour les écrivains et les artistes dans des domaines aussi variés que le cinéma, la danse, la sculpture ou la peinture. Andersen a fait de nombreux voyages en Europe. Il part pour l'Espagne en juillet 1862, y reste trois mois et arrive fin décembre au Pays basque, à Saint-Sébastien puis à Biarritz et à Bayonne, où il réveillonne, sur le chemin du retour vers le Danemark.

Biarritz, Louis-Julien Jacottet

« La mer infinie s'étendait, calme, et cependant, vers la côte, de longues vagues déferlaient de sa surface lisse : elles arrivaient comme un troupeau de baleines en train de souffler, déferlaient longuement sur le sable... »

Nous étions à San Sebastian. La diligence s'arrêta devant une fonda qui, par sa propreté et pour un peu, dirai-je, son élégance, ne pouvait que surprendre. Nous jetâmes les yeux dans les chambres et la cuisine. On fit bouillir le chocolat et le lait dans un récipient bien poli. Toute la cuisine brillait et la jeune fille basque qui gouvernait là s'entendait également à faire rayonner ses yeux. Ils étaient si noirs, si beaux. Ce qu'ils disaient était plus facile à comprendre que la langue basque qu'elle parlait. San Sebastian est située en un lieu particulièrement pittoresque sur une anse du golfe basque. Les rochers alentour montent à pic de l'eau verte et profonde. Nous vîmes la ville au soleil levant qui peignait les nuages en rouge feu... En été, les montagnes sont couvertes de fleurs de jasmin sauvage. L'air est plein de parfum. [...] C'était un grand changement, une surprise que de trouver là, du côté nord des Pyrénées, un climat bien plus doux que celui d'où nous venions. Derrière nous s'étendaient les montagnes couvertes de neige, ici, en revanche, plus nous avancions vers le nord, plus les prairies et les champs étaient verts et, lorsque nous atteignîmes Irun, il y avait dans tous les jardins toute une floraison, et parmi le feuillage sombre des orangers il y avait encore des oranges. [...] Nous étions en France. Le soleil brillait, le printemps était là, et bientôt nous atteignîmes Bayonne, où le jambon fut servi, un repas divin, nordique. Le feu dans la cheminée était une grande flambée de Noël. Une mèche de cire, attachée autour d'une bouteille de champagne, fut allumée en guise de lumière de Noël. Le bouchon sauta et l'on porta des toasts au Danemark et à tous les êtres chers qui s'y trouvaient, qui semblaient si proches de nous alors que, pourtant, nous n'étions encore qu'à quelques heures de marche de l'Espagne. Ses montagnes en habits d'hiver brillaient devant nous. Elles recevraient nos adieux à Biarritz. Cette station balnéaire fréquentée se trouve près de Bayonne, au bord de la mer « espagnole ». Nous y allâmes. Le soleil était d'une chaleur délicieuse. Les arbres bourgeonnaient. C'était comme le printemps. La mer infinie s'étendait, calme, et cependant, vers la côte, de longues vagues déferlaient de sa surface lisse : elles arrivaient comme un troupeau de baleines en train de souffler, déferlaient longuement sur le sable, y formant toutes sortes de nappes d'eau, comme s'il s'agissait de toute une garniture de dentelle. La mer a emporté de grosses bouchées de la côte rocheuse, poreuse et à pic, formant de grandes grottes dans lesquelles on entendait des pulsations comme le bruit de canons. Chaotiques, jetés en désordre les uns sur les autres, il y a, le long de la côte, au large, dans la mer, des blocs de rochers fracassés comme de gros monstres marins étranges, comme des bêtes pétrifiées venant du monde préhistorique ou comme si c'étaient des épaves de bateaux coulés. Les brisants rejaillissent à des toises de haut tandis que la vaste mer, plus loin au large, a l'air d'une surface calme. Que le vent se lève, que le golfe basque élève ses vagues, c'est un océan qui déferle alors vers la côte. En comparaison, le Niagara est un ruisseau de moulin. Là, de la hauteur, nous vîmes pour la dernière fois les Pyrénées, les splendides montagnes de l'Espagne.

Hans Christian Andersen
Le conte de ma vie

Victor Hugo

1802 - 1885

PREMIER ÉMOI AMOUREUX À BAYONNE

Le 18 juillet 1843, une diligence quitte Paris, direction Bordeaux et l'Espagne ; elle emporte vers les Pyrénées Victor Hugo et Juliette Drouet, sa maîtresse depuis une dizaine d'années. Cela fait maintenant trois ans, une éternité, que Juliette, qui vit cet amour dans la clandestinité, attend ce moment ; ce voyage, plusieurs fois promis, plusieurs fois repoussé, va maintenant se réaliser. Victor lui a écrit quelques jours avant : « *Bientôt nous serons réunis, ensemble, seuls ensemble, et pour deux mois. Tu seras joyeuse et je serai heureux. Je baise ton front, tes yeux, et ta belle âme sur ta jolie bouche.* »

Costumes des Pyrénées, Alfred Dartiguenave

Pour sa famille, sa femme Adèle dont il est à présent séparé, sa fille adorée Léopoldine, Victor part pour raisons de santé. Il « va aux eaux » pour soigner des rhumatismes et une ophtalmie. Il écrit d'ailleurs à Léopoldine qui se plaint de ne pas assez le voir : « *J'ai un voyage à faire d'abord, soit aux Pyrénées, soit à la Moselle ; voyage de santé qui me remettra un peu les yeux ; voyage de travail aussi, tu sais, comme tous mes voyages. Après, mon butin fait, ma gerbe liée, j'irai vous embrasser tous, mes bien-aimés.* »

Son « butin », ce sont les souvenirs, les notes, les dessins qu'il griffonne sur son carnet de voyage et qui deviendront plus tard une strophe de poème ou quelques lignes d'un roman.

Ils arrivent à Bordeaux le 20 juillet, puis Bayonne et l'Espagne jusqu'au 13 août, avant le retour en France et la cure à Cauterets. L'arrivée au Pays basque a fait resurgir de lointains souvenirs : Victor est déjà venu à Bayonne avec ses frères et sa mère il y a… trente-deux ans, au printemps 1811, il avait 9 ans ; ils allaient alors rejoindre leur père Léopold, général d'Empire en poste à Madrid. C'est au cours de ce séjour qu'il avait fait la connaissance de la fille de leur logeuse qui venait souvent jouer avec les enfants Hugo, surtout avec Victor à qui elle lisait des histoires…

« Je ne l'embrassais jamais de moi-même ; c'est elle qui m'appelait et me disait : - Embrasse-moi donc ! »

Cette belle enfant venait jouer avec nous. Quelquefois Abel et Eugène, mes aînés, plus grands et plus sérieux que moi, et « faisant les hommes », comme disait ma mère, allaient voir l'exercice à feu sur le rempart ou montaient dans leur chambre pour étudier Sobrino[1] et feuilleter Cormon[2]. Alors j'étais seul, je sentais l'ennui venir, que faire ? Elle m'appelait et me disait :

- Viens que je te lise quelque chose.

Il y avait dans la cour une porte rehaussée de quelques marches et fermée d'un gros verrou rouillé que je vois encore, un verrou rond, à poignée en queue de porc, comme on en trouve parfois dans les vieilles caves. C'était sur ces marches qu'elle allait s'asseoir. Je me tenais debout derrière elle, le dos appuyé à la porte. Elle me lisait je ne sais plus quel livre ouvert sur ses genoux. Nous avions au-dessus de nos têtes un ciel éclatant et un beau soleil qui pénétrait de lumière les tilleuls et changeait les feuilles vertes en feuilles d'or. Un vent tiède passait à travers les fentes de la vieille porte et nous caressait le visage.

1. Sobrino : auteur d'un célèbre Dictionnaire Français, Espagnol, Latin
2. Cormon : auteur d'un Dictionnaire de géographie

Elle était couchée sur son livre et lisait à voix haute.

Pendant qu'elle lisait, je n'écoutais pas le sens des paroles, j'écoutais le son de sa voix. Par moments mes yeux se baissaient, mon regard rencontrait son fichu entrouvert au-dessous de moi, et je voyais, avec un trouble mêlé d'une fascination étrange, sa gorge ronde et blanche qui s'élevait et s'abaissait doucement dans l'ombre vaguement dorée d'un chaud reflet de soleil.

Il arrivait parfois, dans ces moments-là, qu'elle levait tout d'un coup ses grands yeux, et elle me disait :

- Eh bien, Victor ! Tu n'écoutes pas ?

J'étais tout interdit, je rougissais et je tremblais, et je faisais semblant de jouer avec le gros verrou. Je ne l'embrassais jamais de moi-même ; c'est elle qui m'appelait et me disait :

- Embrasse-moi donc !

Le jour où nous partîmes, j'eus deux grands chagrins : la quitter et lâcher mes oiseaux.

Victor Hugo
Alpes et Pyrénées

Gustave Flaubert

1821 - 1880

LE JEUNE BACHELIER S'IMPROVISE SAUVETEUR À BIARRITZ

En décembre 1839, l'élève Gustave Flaubert est renvoyé du lycée de Rouen pour avoir fomenté une rébellion contre le nouveau professeur de philosophie ; il va devoir préparer le baccalauréat seul à la maison. Encouragé par ses parents qui lui promettent un voyage, le jeune Gustave obtient son diplôme en août 1840 et part pour les Pyrénées, puis la Provence et la Corse, accompagné d'un ami de la famille, le docteur Cloquet. Ce périple de plus de deux mois lui donne l'occasion de traverser une partie des Pyrénées, du Pays basque à Luchon. Arrivé à Biarritz en fin de journée, le jeune bachelier s'empresse d'aller à la plage, espérant y découvrir « *quelque jeune fille en tenue de bain* ». Mais sur le rivage à cette heure presque désert, en fait de naïade, il n'aperçoit qu'« *une vieille petite femme dont les cheveux blancs encadraient un visage ridé, recueilli sous une capote de toile cirée, qui s'avançait à la mer pour y ramollir sa vieille peau. C'est là la seule baigneuse que j'aie vue à Biarritz, quelle chance !* ».

Un peu plus loin, il est interpellé par un baigneur qui lui fait de grands signes : à quelques mètres du bord, un jeune homme est en train de se noyer, il faut vite intervenir. N'écoutant que son courage, il se jette à l'eau...

Bains de la Côte des Fous ; les premiers bains de mer, Biarritz, Louis-Julien Jacottet

« C'est fini, me dit un compagnon, il est noyé ! Nous fîmes alors volte-face, et regagnâmes le rivage »

Comme je marchais le long de l'écume des flots, j'ai vu tout à coup sortir de l'eau un baigneur qui appelait du secours pour deux hommes qui se noyaient au large.

Je ne sais où étaient les gardes-côtes ; il y avait au loin quelques amateurs qui restaient fort impassibles, on ne se dérangeait guère. À l'instant j'entendis des cris aigus, et une grande femme vêtue de noir, qu'à sa douleur expansive je crus être la mère de ceux qui se noyaient, accourait vers moi avec de grandes lamentations.

[...]

Je me mis à l'eau assez vivement, mais avec autant de sang-froid que j'en ai quand je nage tous les jours, et si bien que, continuant à nager toujours devant moi dans la direction que l'on m'avait indiquée, j'avais fini tout à coup par oublier que je faisais un acte de dévouement ; je n'étais ennuyé seulement que de mon pantalon et de mes bas que j'avais gardés et qui m'embarrassaient dans mes mouvements. À environ cinquante brasses je rencontrai un homme évanoui que deux autres traînaient à terre avec beaucoup de peine. Je me disposai à retourner avec eux et à aider ces braves gens.

Il en reste encore un second, me dit un d'eux.

Allons le chercher, *lui dis-je.*

Et nous continuâmes à nager côte à côte assez vigoureusement, d'abord droit devant nous, puis parallèlement au rivage ; mais ne plongeant aucun des deux, que pouvions-nous faire ? Un orage s'annonçait par des éclairs ; et les vagues (qu'il ne faut pas dire fortes, car je mentirais) nous empêchaient de voir tout ce qui pouvait saillir sur les flots autour de nous.

C'est fini, *me dit un compagnon,* il est noyé !

Nous fîmes alors volte-face, et regagnâmes le rivage. Le trajet me parut plus long que pour aller, et les dernières vagues pleines de mousse nous poussaient vivement sur le sable. Je croyais l'autre homme sauvé, mais tous les soins furent inutiles, il mourut au bout de quelques minutes. Pendant qu'on entourait le noyé, je m'étais réfugié dans une cabane, privé de ma chemise et de mon habit, grelottant et tout trempé d'eau salée. Je finis par les retrouver au bout d'un quart d'heure, ils avaient été déposés dans une baraque où se trouvaient plusieurs pauvres femmes du pays, se lamentant et poussant des cris. Elle me croyaient un de leurs compagnons et leur douleur s'en augmentant, peut-être un peu par politesse, elles répétaient toutes : « Ah ! mon Dieu ! mon Dieu la pauvre mère qui les a nourris ».

Gustave Flaubert
Voyage aux Pyrénées et en Corse

Sur les crêtes d'Iparla

« Novembre finissait dans un tiède rayonnement de ce soleil qui s'attarde toujours très longtemps ici, sur les pentes pyrénéennes. Depuis des jours, dans le Pays basque, durait ce même ciel lumineux et pur, au-dessus des bois à demi-effeuillés, au-dessus des montagnes rougies de la teinte ardente des fougères. C'était la saison tardive où l'on coupe ces fougères qui forment la toison des coteaux roux. »

Pierre Loti
Ramuntcho

Pierre Loti

1850 - 1923

HENDAYE, DERNIÈRE ESCALE D'UN VAGABOND DES MERS

Pierre Loti a poursuivi toute sa vie une double carrière militaire et littéraire.

Comme son frère adoré Gustave trop tôt disparu, il intègre l'École Navale et entame un long parcours d'officier de marine qui le conduira pendant plus de quarante ans sur toutes les mers du globe (Tahiti, où une jeune îlienne lui a donné le nom de Loti, Afrique, Turquie, Asie…). Ses escales et séjours auprès de civilisations exotiques lui ont souvent fourni la trame de ses romans. Les marins, Hendaye et le Pays basque où ce vagabond des mers se retire à la fin de sa vie et fonde une seconde famille, lui inspireront ses chefs-d'œuvre : *Pêcheur d'Islande* et *Ramuntcho*.

Hendaye,
affiche,
E. Paul Champseix

« Pour la première fois, je sens exister ici… sans doute l'âme finissante du pays basque… »

Aujourd'hui 22 novembre, tandis que je suis là seul, à ce point extrême où finit la France, assis sur ma terrasse qui regarde l'Espagne, l'âme du pays basque pour la première fois m'apparaît.
Nos contrées d'Europe, hélas ! de plus en plus se ressemblent toutes. Ainsi, depuis un an, je l'habitais cette « Euscalleria », sans y avoir découvert rien de bien particulier, sans m'être aucunement aperçu que je m'y attachais. Mais sans doute un lent travail s'était fait en moi-même, une lente pénétration par des effluves basques, et j'avais été préparé insensiblement à comprendre et à aimer. […]
Il fait idéalement beau ; sur la Bidassoa, sur les Pyrénées, sur la mer, partout règne le même calme infini. L'air immobile est tiède comme en mai, avec pourtant cette insaisissable mélancolie de l'arrière-automne, indiquant à elle seule que l'année s'en va. La mer, au loin, luit comme une bande de nacre bleue. Il y a des teintes méridionales, presque africaines, sur les montagnes, qui se découpent au ciel avec une netteté absolue, et qui sont vaporeuses cependant, noyées dans je ne sais quoi de diaphane et de doré. La Bidassoa, à mes pieds, inerte et lisse, reflète et renverse avec une précision de miroir le vieux Fontarabie d'en face, son église, son château fort, roussis par des centaines d'étés ; reflète et renverse toutes les arides montagnes avec leurs moindres plis et leurs moindres ombres, même leurs plus petites maisonnettes, çà et là éparses, blanches de chaux sur ces grands fonds roux. Là-haut en l'air, ou bien en bas tout au fond du miroir trompeur, les plus lointaines cimes ont une pureté égale. […]
Et ce grand calme silencieux de tout, cette tranquillité inaltérée de l'air, cette immobilité des lumières douces et des grandes ombres nettes, me donnent d'abord l'impression d'un temps d'arrêt dans le mouvement vertigineux des siècles, d'une réflexion, d'une immense attente, – ou plutôt d'un regard de mélancolie, jeté sur le passé, sur l'antérieur des soleils, des êtres, des races, des religions…
Sur la Bidassoa, des barques d'allure lente passent d'une rive à l'autre, traînant après elles de longues rides alanguies, dérangeant par places les images renversées de Fontarabie et des brunes montagnes. Des marins et des contrebandiers qui les montent – figures rudes, imberbes à la mode basque, têtes coiffées du traditionnel béret noir – causent en leur langue tant de fois millénaire, ou bien chantent, en fausset nasillard, comme les Arabes, les airs des ancêtres.
Alors, tout à coup, tandis que je suis là seul devant ce décor que semble endormir le morne soleil, écoutant sonner les vieilles cloches ou vibrer dans le lointain les vieilles chansons, je prends conscience de tout ce que ce pays a gardé au fond de lui-même de particulier et d'absolument distinct.
De l'ensemble des choses et des êtres ambiants se dégage, aux yeux de mon esprit, comme une essence vivante ; pour la première fois, je sens exister ici un je-ne-sais-quoi à part, mystérieux – destructible, hélas ! mais encore imprégnant tout et s'exhalant de tout, – sans doute, l'âme finissante du pays basque…

Pierre Loti
Figures et choses qui passaient

Ernest Hemingway

1899 - 1961

OH ! LA BELLE VIE AU PAYS BASQUE

Ernest Hemingway, auteur du best-seller *Le Vieil homme et la Mer*, est un écrivain américain lauréat du Prix Nobel de littérature. En 1918, à l'issue de ses études secondaires, il réussit à se faire embaucher comme journaliste et rejoint l'Europe en guerre.
Réformé par l'armée américaine, il s'engage comme ambulancier à la Croix-Rouge italienne et il est gravement blessé sur le front de Vénétie. On le retrouve correspondant de presse à Paris dans les années 1920 où il fréquente les écrivains américains exilés dans la capitale française (Fitzgerald, Steinbeck, Dos Passos...).
C'est pendant ces années qu'il va découvrir l'Espagne et le Pays basque où il séjournera plusieurs étés avec quelques amis de la « *génération perdue* » ; séduit par le mode de vie et les paysages, il choisit ses villégiatures au gré des fiestas, ferias et corridas, entre deux parties de pêche dans les torrents de montagne.
Si les fêtes de la San Fermin et Pampelune furent son port d'attache, il fréquenta aussi Saint-Sébastien, Bilbao et assista souvent aux corridas de Bayonne. C'est cette période où il brûlait la chandelle par les deux bouts, qu'il évoque dans *Le soleil se lève aussi* (1926), son premier grand succès.

Paysage entre Guéthary et Saint-Jean-de-Luz, Ramiro Arrue y Valle

« Puis, ce fut la campagne, verte, ondulée, et une route qui montait tout le temps. Il y avait de jolies fermes, blanchies à la chaux... »

Le matin, le ciel était clair et on arrosait les rues de la ville, et nous prîmes tous les trois notre petit déjeuner dans un café. Bayonne est une jolie ville. Elle ressemble à une espagnole très propre et elle est située sur une grande rivière. Bien qu'il fût de bonne heure, il faisait très chaud sur le pont au-dessus de la rivière. Nous nous engageâmes sur le pont, puis nous fîmes un tour dans la ville.

[...]

Nous nous arrêtâmes sur la place, au café où nous avions déjeuné, et nous prîmes une bière. Il faisait chaud, mais la ville avait une bonne odeur de fraîcheur matinale et il faisait bon au café. La brise se levait, et on pouvait sentir que l'air venait de la mer. Il y avait des pigeons sur la place, et les maisons avaient une couleur jaune recuite au soleil, et j'aurais voulu rester au café. Mais il nous fallut aller à l'hôtel pour faire nos valises et payer la note.

[...]

Cohn descendit enfin et nous nous rendîmes à l'auto. C'était une grande voiture fermée. Le chauffeur avait un cache-poussière blanc. Le col en était bleu ainsi que les parements des manches. Nous lui demandâmes de rabattre la capote. Il empila les valises et, remontant la rue, nous sortîmes de la ville.

Nous passâmes devant des jardins charmants et, en nous retournant, nous eûmes une bonne vue d'ensemble de la ville. Puis, ce fut la campagne, verte, ondulée, et une route qui montait tout le temps. Nous croisâmes beaucoup de Basques, avec des bœufs et autres animaux qui traînaient des charrettes sur la route. Il y avait de jolies fermes, blanchies à la chaux, avec des toits qui descendaient très bas. Dans le pays basque, la campagne semble très riche et très verte, et les maisons et les villages paraissent riches et propres. Chaque village possède son terrain de pelote, sur lequel, parfois, des enfants jouaient en plein soleil. Sur les murs de l'église, il y avait un écriteau défendant d'y jouer à la pelote, et, dans les villages, les maisons avaient des toits en tuiles rouges. Puis, la route tourna et commença à monter, et nous grimpâmes à flanc de coteau, avec une vallée dans le bas et des collines qui s'étendaient derrière nous, vers la mer.

On ne pouvait pas voir la mer. Elle était trop loin. On ne pouvait voir que des collines, toujours des collines, mais on savait où se trouvait la mer.

Ernest Hemingway
Le soleil se lève aussi

« À mesure que la nuit envahit
les vallées, les glaciers et les pics,
quelques colosses neigeux conservent
encore une rougeur infernale, comme
si un effrayant déluge de sang
avait passé dessus ; mais, un à un,
ils s'éteignent tous et une immense
tristesse s'empare de la nature. »

Henry Russell
Souvenirs d'un montagnard

Le Pic du Midi d'Ossau
et le lac Gentau

hommes sortant des auberges qui restaient vides. La route était déserte, autos et attelages ayant été réquisitionnés. Il était d'ailleurs interdit d'aller au village voisin sans un sauf-conduit du maire. À la tombée du jour, des charrettes en travers des rues formaient des barricades qu'il était interdit de franchir.
Tout de suite, il n'y eut plus de sucre chez l'épicier. Le sel manqua peu après, puis le café. Heureusement, en Ossau, chaque maison a du blé, du lard, du confit, des pommes de terre, des légumes au jardin, le lait des vaches à l'étable et le plus souvent des porcs à l'écurie ; bien pauvre est celui qui ne peut se suffire à lui-même pendant quelques semaines ou quelques mois. Les bruits les plus divers et les plus absurdes couraient. Un gendarme, disait-on, ayant remarqué la longueur des pieds de deux bonnes sœurs sur le quai de la gare de Buzy, les avaient interrogées ; comme elles se troublaient, on les avait fouillées et on avait découvert que sous cet habit monastique il y avait deux officiers allemands qui s'apprêtaient à faire sauter les aiguilles de manœuvre et à interrompre la circulation entre Pau et la vallée. On les avait fusillés.
L'évêque de Lourdes était parti en automobile avec trois millions en or qu'il portait aux Allemands. On avait arrêté la voiture, confisqué l'or et l'évèque allait passer en conseil de guerre. Les soldats du 18e étaient partis la fleur au fusil en chantant.
Sur les wagons ils avaient inscrit : Pau-Berlin, aller et retour : trois semaines. Les journaux apportaient des nouvelles réconfortantes.
L'ennemi déjà n'avait plus de vivres : des zouaves avaient fait des prisonniers en leur montrant des tartines.
Les Allemands étaient mal équipés : les brodequins de certains prisonniers avaient des semelles en carton. Avec angoisse, on parlait d'une grande bataille qui se préparait et déciderait de la guerre. Dans une ruée farouche, des centaines de milliers de combattants s'affronteraient et se précipiteraient les uns contre les autres. Il y aurait des hécatombes et le vaincu, épuisé, ne pourrait plus qu'implorer une paix sans condition. Nos hommes, vainqueurs - cela ne pouvait faire de doute - feraient une entrée triomphale à Berlin, puis rentreraient dans leurs foyers pour l'hiver.
Fin août, une dépêche affichée à la mairie annonça que la bataille avait eu lieu. Nos troupes avaient été héroïques, mais avaient dû céder devant la supériorité en nombre et en matériel de l'ennemi. Simple repli stratégique d'ailleurs sur des positions prévues et préparées à l'avance.
De nouveau ce fut l'attente, une attente plus angoissée encore qui ne laissait même pas à ces paysans et à ces paysannes le courage de travailler.
Au début de septembre, une nouvelle dépêche annonça cette fois une grande victoire. La lucidité et le sang-froid du maréchal Joffre avaient gagné la bataille et la guerre. Non seulement il avait arrêté l'ennemi sur la Marne, mais il l'avait vaincu, obligé à fuir en déroute. Nos armées n'avaient plus devant elles que des fuyards. Chacun se reprit à respirer et se remit au travail, d'autant plus que l'Intendance commençait à réquisitionner le blé, les haricots, le bétail.

Louis Le Bondidier
Phine

En vallée
d'Ossau

« À l'extrême bord de la frontière espagnole, le Pic du Midi d'Ossau dardait sa double cime, sa fourche aux pointes inégales au-dessus des montagnes vassales. Je l'ai revu quelques jours plus tard sous un autre aspect, solitaire, isolé de la chaîne, emplissant de son moi grandiose l'horizon de Bious-Artigues. Lui, rien que lui ; tout le ciel pour encadrer sa silhouette, tout le plateau pour lui servir de piédestal. Quel choc, quelle émotion au premier regard ! »

Émile Pouvillon
Terre d'Oc

Le Pic du Midi d'Ossau

La Bigorre et les grands sites

« Avez-vous quelquefois, calme et silencieux,
Monté sur la montagne, en présence des cieux ?
Et là, penché sur l'onde et sur l'immensité,
Calme et silencieux, avez-vous écouté ? »

Victor Hugo
Les Contemplations

Le lac des Gloriettes,
le couloir de Tuquerouye
et le Mont Perdu

Anne Lister

1791 - 1840

JOURNÉE DE DUPES AU VIGNEMALE

Anne Lister est une jeune anglaise qui a hérité à 35 ans d'une propriété familiale qui lui assure des revenus suffisants pour vivre sans souci le reste de sa vie. Sportive, passionnée de voyages et de montagnes, excentrique, femme libre, elle s'installe à Paris, visite plusieurs pays européens, puis séjourne dans les Pyrénées à l'été 1830. Elle fait l'ascension du Mont Perdu (3348 m) par la Brèche de Roland, devenant ainsi la première femme à atteindre ce sommet. Elle revient dans les Pyrénées en 1838 avec son amie Ann Walker qui doit séjourner à Luz-Saint-Sauveur pour sa santé. Elle décide de conquérir le Vignemale (3298 m), cime encore inviolée et convoitise de nombreux « touristes fortunés » qui passent l'été dans les stations thermales à la mode (le vainqueur du Vignemale laisserait son nom à la postérité puisque c'est le plus haut sommet des Pyrénées françaises). Elle engage Henri Cazaux, l'un des meilleurs guides de la région, qui avait déjà fait une reconnaissance (et sûrement le sommet). Mais Miss Lister n'est pas la seule à rêver de conquête. Elle apprend que Joseph Ney (fils du célèbre maréchal Ney), prince de la Moskowa, vise lui aussi le sommet. Il a « réservé » Cazaux et son équipe de guides.

Nous sommes le 6 août à Gavarnie ; malgré le temps incertain, Anne Lister décide de partir sur-le-champ avec Cazaux, et les guides Guillembet, Charles et Sajous. Après une courte nuit à la cabane de Saoussat-Debat en vallée d'Ossoue, la petite troupe foule le sommet le lendemain à 13 heures. Conformément à la tradition, miss Lister laisse au sommet sa carte de visite dans une bouteille protégée par une petite enceinte de pierres. De retour le lendemain à Gavarnie, elle retrouve son amie et partent toutes deux en Espagne...

Quatre jours après, Joseph Ney, son frère Edgar et les guides emmenés par Cazaux arrivent eux aussi au sommet. Mais l'un des guides, « envoyé en avant », fait discrètement disparaître la bouteille contenant la carte de visite laissée au sommet par Anne Lister, et Cazaux affirme au prince de la Moskowa que Lady Lister a abandonné en cours de route, et qu'il est donc le vainqueur ! Ney s'empresse de faire un compte rendu de son exploit et de le diffuser largement. Anne Lister apprend l'imposture à son retour, et, furieuse, va consulter un homme de loi à Tarbes, demande à Cazaux de révéler la vérité devant témoins, ce qu'il accepte, arguant que les guides n'ont que la saison d'été pour gagner leur revenu de l'année...

Glacier du Vignemale, Nicolas Chapuy

« J'avais pris deux biscuits dans ma blouse, deux œufs durs dans la poche du gilet de Charles et une grande gourde que j'avais remplie de Brandy acheté chez le pharmacien. »

6 août

Il y avait encore du brouillard. Charles et Pierre, les chasseurs guides, vinrent me dire que le prince de la Moskowa avait engagé Cazos, le guide de Gèdre pour le Vignemale afin d'aller au sommet avec lui le jeudi ; le prince devait passer la nuit du mercredi à Gavarnie, que le temps soit beau ou mauvais. Mes deux guides croyaient que le temps allait s'améliorer. Aussi, je décidai de partir dès cet après-midi vers trois heures et d'aller à la cabane tous les trois à cheval ; le beau-frère de Charles nous accompagnerait pour ramener les chevaux et conduire Ann à Bouchero où nous la retrouverions le mercredi à quatre heures de l'après-midi.

À une heure de l'après-midi, j'empaquetai mes affaires ; je pris mon manteau tartan Mac Lean, le pèlerine que Charles m'avait fournie et ma jaquette ; je mis dans mon sac de voyage une chemise de nuit et une autre de jour, une paire de bas de laine grise ; dans l'un d'entre eux, j'attachai cent francs en pièces de cinq francs ; j'ajoutai deux paires de gants, un mouchoir de poche et une brosse à dents, du savon, un peigne, des aiguilles, du fil et un stylet ; j'emballai le tout dans une grande feuille de papier grisâtre, paquet que j'enveloppai ensuite dans une serviette et mis aussi dans la valise une paire de souliers et de guêtres. Je n'avais rien de plus, sauf ce que je portais sur moi, c'est-à-dire ma robe de laine mérinos, deux jupons blancs et une paire de solides chaussures neuves de Saint-Sauveur, des chaussettes de coton et des bas de soie noire sur les jambes, un bonnet de nuit dans une poche, une paire de chaussettes, un mouchoir de poche et un autre de soie sur ma poitrine dans ma blouse, un autre en soie mélangée et une feuille de papier cachés dans mon chapeau.

Tout fut prêt à trois heures quand les chevaux arrivèrent. Nous partîmes à trois heures et demie, Charles, Pierre et moi-même à cheval. Au pont de Sia à quatre heures et quart, au pont de Douroucôte vingt minutes plus tard. Nous sortîmes de Gèdre à cinq heures vingt ; j'envoyai les guides en avant et me reposait un instant au chaos ; j'étais à l'auberge de Gavarnie à six heures et demie. En restant à cheval, j'attendis Charles près de la porte un quart d'heure : il louait des paires de crampons et deux bâtons ferrés à raison d'un franc pièce par jour ; c'était la femme de Cazos qui lui avait dit à notre passage à Gèdre de le faire ; mais pourquoi donc ? Au Piméné, Cazos m'avait affirmé qu'il n'y avait ni glacier, ni névé à traverser. Heureusement, Charles m'avait apporté un bâton ferré léger car il pensait qu'il me serait utile et Ann avait insisté pour que je prenne les crampons qui m'avaient servi au Mont-Perdu en 1830.

Nous quittâmes Gavarnie à sept heures moins le quart, toujours par le brouillard et nous fûmes à la cabane de Saoussat-Debat à huit heures. Cazos et le beau-frère de Charles y étaient arrivés juste avant nous, en venant directement de Gèdre ; nous les avions aperçus de l'autre côté du gave alors que nous montions à Gavarnie. J'avais apporté quelques provisions que j'avais mises dans un sac acheté à Paris pour y mettre ce dont j'avais besoin la nuit, et aussi deux biscuits dans ma blouse, deux œufs durs dans la poche du gilet de Charles et une grande gourde suisse achetée à Chamonix que j'avais remplie de Brandy acheté chez le pharmacien. Charles la portait suspendue à son épaule. Les guides avaient une livre de pain, blanc comme le mien, une gourde de vin blanc pour les bergers, une livre de fromage et j'y avais ajouté une bouteille de la meilleure eau-de-vie, la même que celle que j'avais achetée pour moi-même et que notre pharmacien vendait. [...]

La vallée d'Ossoue est une belle vallée sauvage mais il était trop tard pour jouir de sa vue. Nous entrâmes dans la cabane où le feu était allumé et où on faisait déjà cuire la pâte. Il fallut une heure et demie pour que chacun eut sa part car nous étions dix, cinq bergers et nous cinq, y compris Cazos et le beau-frère de Charles. Je refusai de prendre de la pâte et me contentai d'un tiers de mes provisions et d'un petit peu de lait très froid, puis je m'étendis une demi-heure avant les autres. Je reposais dans le manteau tartan, enveloppée dans la pèlerine que j'avais reçue de Charles, sur laquelle on avait mis deux capes de berger et, sous moi, sur la pierre, une autre pèlerine ; mon sac de nuit me servait d'oreiller, calé par un sac en peau de chèvre de l'un des bergers ; dans celui-ci, il gardait ses vêtements, ses provisions de pain et de viande et le maïs pour faire la pâte. Cependant, ce n'était pas assez confortable pour vraiment s'endormir : nous étions en effet dix, allongés sur deux rangs, les pieds des uns près de la tête des autres, si bien que nous ne pouvions guère bouger car la cabane n'avait que quelques mètres de long et de large. À minuit, je m'éveillai, j'allumai une bougie et je regardai ma montre. J'aurais été heureuse de partir mais Cazos me dit qu'il faisait encore trop nuit.

7 août

Je me levai à nouveau vers deux heures sans avoir dormi. Nous partîmes trois quart d'heure plus tard ; à cinq heures, nous renvoyâmes nos chevaux ; notre Espagnol nous avait rejoint une demi-heure plus tôt. Nous déjeunâmes et partîmes à pied à cinq heures vingt. Nous atteignîmes le début d'un ressaut à six heures quarante et nous fîmes l'ascension de cette cheminée. Nous atteignîmes un second ressaut à 8 heures et il était couvert de neige. Nous mîmes nos crampons, les enlevâmes à huit heures dix-huit, puis les remîmes ; nous ne quittâmes la neige qu'à neuf heures huit et nous nous reposâmes sur un petit tertre rocheux et herbeux jusqu'à neuf heures vingt. Nous enlevâmes nos crampons à dix heures dix et nous nous reposâmes en haut du deuxième ressaut à onze heures un quart. Je me trouvais au soleil et je mis mon manteau pour ne pas sentir le froid. Pendant toute la montée, le temps avait été clair sauf pendant une heure au lever du jour. Mais, à midi moins vingt, les nuages nous entourèrent et nous ne pouvions plus voir Penticouse[1]. Nous repartîmes à onze heures trois quart ; j'avais ressenti un malaise juste auparavant. Nous étions au sommet à une heure. Pendant une demi-heure, nous allâmes deci delà pour voir les rochers à pic, le glacier, le col et la neige sur laquelle la duchesse de Berry avait été portée, et la crête

1. Panticosa (Station thermale espagnole)

sur laquelle deux hommes s'étaient perdus deux années auparavant.
À l'Ouest, au-dessous de nous, il y avait le beau glacier du Vignemale au pied duquel se trouve le début de la vallée d'Ossoue et, à une grande distance, la belle chaîne du Marboré et du Mont-Perdu. À l'Est, il y avait la chaîne des montagnes espagnoles ; nous avions aperçu Penticouse au cours de l'ascension, mais les nuages couvraient maintenant tout l'horizon si bien que nous ne pouvions distinguer le port de Penticouse et celui du Marcadau. Au Nord, il y avait des montagnes françaises que l'on apercevait à travers une brume qui les dominait. Au sud, les vallées espagnoles étaient dans une mer de nuages. La cime culminante du Vignemale avait la forme d'un plateau d'une dizaine de mètres de long et de trois mètres de large, mais elle n'était pas plate : elle était toute bosselée. Nous mîmes nos noms dans la bouteille et nous commençâmes de descendre à deux heures dix ; à deux heures vingt-cinq, nous étions à nouveau sur la neige, en bas de la première neige, puis sur la neige à nouveau, là où nous avions enlevé les crampons. Nous les mîmes et puis les enlevâmes à trois heures dix ; étant de nouveau sur la neige à trois heures vingt, nous les remîmes pour ne plus les enlever jusqu'à quatre heures.
L'après-midi était ensoleillé et néanmoins l'air était très agréable. Je mangeai un peu de pain que j'arrosai de Brandy et d'eau. Nous nous arrêtâmes à nouveau à quatre heures trente pour donner à notre Espagnol un peu de pain et de vin et nous lui donnâmes nos bagages à porter jusqu'à ce qu'il nous quitte. À nouveau en marche à quatre heures cinquante. Au col à six heures trente-cinq. L'Espagnol nous quitta au coueyla de Lourdes à sept heures vingt ; à huit heures cinq, nous étions de retour à la cabane de Saoussats-Debats. Nous étions fatigués, mais j'aurais bien poussé jusqu'à Gavarnie. Cependant, Charles nous dit qu'il est dangereux de s'engager sur la route dans l'obscurité. Je bus une bonne quantité de lait bouilli et je ne mangeai qu'une ou deux bouchées de pain ; mes vêtements étaient trempés en raison du brouillard que nous avions traversé au col ; j'enveloppai mes affaires dans une pèlerine et je m'étendis aux environs de neuf heures ; les autres étaient assis et devisaient en buvant leur soupe au lait.
Je dormis de neuf heures à onze heures et nous quittâmes la cabane à onze heures trois quarts, Cazos partant de son côté pour aller à Gèdre et nous allant sur la droite vers Gavarnie. Nous y fûmes à une heure un quart. On me donna un peu d'eau chaude pour éviter le frisson que j'aurais éprouvé en buvant de l'eau froide. Je bus un verre, je brossai mes vêtements, me lavai les pieds et je me suis mis au lit à deux heures et demi. il était confortable et je dormais bien.

Ann Lister
Première ascension du Vignemale

Alain-Fournier

1886 - 1914

LE CRUEL DESTIN D'UN ÉCRIVAIN PRODIGE

Henri Alban Fournier, dit Alain-Fournier, est l'auteur du *Grand Meaulnes* (1913), roman qui connut un succès fulgurant et demeure l'une des œuvres françaises la plus traduite et lue dans le monde. Il effectua plusieurs périodes militaires à Mirande dans le Gers comme sous-lieutenant au 88e régiment d'infanterie. Dans sa correspondance, il a évoqué à plusieurs reprises ses séjours gersois (1909, 1911, 1913), notamment le premier au cours duquel il découvre les Pyrénées et visite Lourdes.

Alain-Fournier a disparu près de Verdun avec une vingtaine de camarades dès les premières semaines de la monstrueuse boucherie de 1914. Conduite par un supérieur inflexible et borné (« *J'ai un capitaine vachard, baderne, et ennuyeux à pleurer* » avait-il écrit quelques semaines avant sa disparition), la petite escouade dont il faisait partie s'était en fait engagée par erreur derrière les lignes allemandes et a été massacrée. On n'a retrouvé le corps de l'écrivain qu'en 1991, près de Saint-Rémy-la-Calonne.

Son ami et beau-frère Jacques Rivière avait écrit à son sujet : « *Comment rattraper sur la route terrible où elle nous a fuis, au-delà du spécieux tournant de la mort, cette âme qui ne fut jamais toute entière avec nous, qui nous a passé entre les mains comme une ombre rêveuse et téméraire.* »

Dans ces extraits de lettres à sa famille du printemps 1909, il évoque sa nouvelle affectation, Mirande, et l'on perçoit son impatience de découvrir les Pyrénées.

Alain-Fournier (2e en partant de la gauche) à Mirande en avril 1909

« Et j'ai enfin découvert, tout à coup, très loin dans la buée blanche, mais visibles à cause de l'éclat plus blanc de la neige, les « grands pics cassés. »

Mirande, 10 avril 1909

Mes chers,

Je vois, par ma fenêtre, un petit prunier tout fleuri. Hier il faisait grand vent et poussière. Aujourd'hui c'est un soleil que le vent ne fraîchit pas, je me crois à la fin d'avril. La Chapelle même n'est pas plus calme que ce bourg, que ce haut de rue où donnent mes fenêtres. Je n'entends, comme aux soirs d'été, que des voix d'enfants très loin, parfois un train, un pas tranquille sur la route. C'est délicieux et triste. Je me sens dans un isolement terrible. Une fois passé Auch, j'ai commencé à regarder, du train, si l'on n'apercevrait pas les montagnes. Nous passions entre des collines, dans de petites vallées, où nous montions lentement des rampes. Et j'ai enfin découvert, tout à coup, très loin dans la buée blanche, mais visibles à cause de l'éclat plus blanc de la neige, les « grands pics cassés ».
C'est ainsi qu'on les voit de Mirande, de la gare, de l'hôtel, du tennis. On est hanté par le désir de s'en rapprocher ; à bicyclette, on veut toujours monter une côte encore et encore une dans l'espoir de les découvrir. Parfois, on en découvre des centaines de kilomètres. Il y a des jours, paraît-il, où le Pic du Midi paraît être à quelques heures.
Nous avons été accueillis par les officiers d'ici avec une cordialité et une simplicité exquises. Nous prenons nos repas avec les lieutenants célibataires : il y en a d'infiniment drôles, mais leur vie est la plus morne, la plus inutile qui soit. Je me demande comment ils y résistent.
Je suis tombé dans « la » compagnie rêvée. Pour vous donner une idée du capitaine, ce gros bonhomme a été trouver mon ordonnance au réfectoire pour lui faire des recommandations spéciales sur la façon de se comporter avec mon propriétaire. On n'est pas plus paternel.

Mirande, 17 juin 1909

Une seule chose me plaît ici, c'est ma solitude, dans cet appartement qui donne sur des champs, des jardins, et la route de Tarbes. Les bœufs aux pattes obliques, étayés l'un contre l'autre, emmènent au pas dans de grandes charrettes, les familles de paysans. C'est le grand calme antique. De mon bureau, je vois à l'horizon s'accumuler les lourds nuages blancs. Il y a plein ma chambre de roses cueillies dans les haies.

Alain-Fournier
Lettres à sa famille

Le lac de Gaube

encrier des plumes romantiques

« L'eau verte, profonde de trois cents pieds, a des reflets d'émeraude. Les têtes chauves des monts s'y mirent avec une sérénité divine. La fine colonne des pins s'y réfléchit aussi nette que dans l'air ; dans le lointain, les bois vêtus d'une vapeur bleuâtre viennent tremper leurs pieds dans son eau froide, et l'énorme Vignemale, taché de neige, le ferme de sa falaise. Quelquefois un reste de brise vient le plisser, et toutes ces grandes images ondulent... »

Hippolyte Taine
Voyage aux Pyrénées

Le Lac de Gaube

Émile Zola

1840 - 1902

UNE VISITE À LOURDES

Emile Zola, l'un des romanciers français les plus populaires et les plus publiés, est l'auteur des *Rougon-Macquart*, fresque romanesque (*L'Assommoir, Nana, Germinal, La Bête humaine*...), reflet de la société française sous le Second Empire. Engagé dans le débat politique, l'écrivain a pris fait et cause pour le capitaine Dreyfus et publié dans *L'Aurore* une lettre ouverte au président de la République, intitulée « *J'accuse* », qui lui vaudra une condamnation à la prison.

Lors d'un voyage dans les Pyrénées, de passage à Lourdes, il est « *fasciné par la dévotion et le mysticisme de la foule qui envahit cette ville avec l'espoir d'un miracle* ». Il tient un sujet : « *Oh ! Le beau livre à faire avec cette ville extraordinaire ! Cela me hante, j'ai passé une nuit à en bâtir le plan*[1]. » Il se documente et revient dans la cité mariale l'année suivante. Son livre, *Lourdes*, paraît en 1894. Zola y dépeint la souffrance des pèlerins et « *le besoin de surnaturel persistant chez l'homme malgré les conquêtes de la science* ». Il dénonce aussi les arnaques à la guérison et les nouveaux marchands du temple. La sortie de l'ouvrage suscite des réactions immédiates et la polémique aboutit à la mise à l'Index[2] du roman et de toute l'œuvre d'Émile Zola. Cependant, le livre connaît un énorme succès. Le spectacle d'une procession du soir devant la basilique lui fait comparer « *le feu de toutes ces lumières et le feu de la prière qui consume le cœur des croyants.* »

1. Lettre à Henry Céard du 20 septembre 1891.
2. Index : liste des livres interdits par la papauté, mise à jour jusqu'en 1948.

Une procession nocturne à Lourdes
Affiche de F. Berthome et J.-E. Andre

« Toute la vaste place du Rosaire se changeait en une mer incendiée roulant ses petits flots étincelants, dans le vertige de ce tourbillon sans fin. »

La procession défilait toujours, des étincelles vives apparaissaient toujours au tournant de la Basilique, jaillissant de l'obscurité, comme d'une source inépuisable. L'immense coulée des petites flammes en marche, dans son double circuit, rayait l'ombre d'un ruban de braise. Mais, surtout, le spectacle était sur la place du Rosaire, où la tête de la procession, continuant son évolution lente, se repliait sur elle-même, en un cercle de plus en plus étroit, une sorte de tournoiement obstiné qui achevait d'étourdir les pèlerins, brisés de fatigue, et d'exaspérer leurs chants. Bientôt la ronde ne fut qu'une masse brûlante, un noyau de nébuleuse, autour duquel venait s'enrouler le ruban de braise, dont le bout semblait ne devoir jamais finir et le noyau s'élargissait, il y eut une mare, puis un lac. Toute la vaste place du Rosaire se changeait en une mer incendiée roulant ses petits flots étincelants, dans le vertige de ce tourbillon sans fin. Un reflet d'aurore blanchissait la Basilique. Le reste de l'horizon tombait à une obscurité profonde. On ne voyait, à l'écart, que quelques cierges perdus cheminer seuls, ainsi que des lucioles cherchant leur route, à l'aide de leur petite lanterne.

Sur le mont du Calvaire, pourtant, une queue vagabonde de la procession devait être montée, car des étoiles voyageaient aussi là-haut, en plein ciel. Enfin, un moment arriva où les derniers cierges parurent, firent le tour des pelouses, coulèrent et se noyèrent dans la mer des flammes. Trente mille cierges y brûlaient, tournant toujours, attisant leur braisillement, sous le grand ciel calme, où pâlissaient les astres. Une nuée lumineuse s'envolait avec le cantique, dont l'obsession n'avait pas cessé. Et le grondement des voix, les Ave, ave, ave, Maria ! étaient comme le crépitement même de ces cœurs de feu, qui se consumaient en prières, pour guérir les corps et sauver les âmes.

Emile Zola
Lourdes

Lourdes vue par...

Joris-Karl Huysmans

Ecrivain et critique d'art français (1848-1907), Huysmans, catholique convaincu, livre dans Les Foules de Lourdes *(1906) un témoignage bouleversant sur la cité mariale et sa « formidable machinerie dévotionnelle », source intarissable de stupeur et d'émerveillement.*

Si quelqu'un n'a jamais été stimulé par le désir de voir Lourdes, c'est bien moi. D'abord, je n'aime pas les foules qui processionnent, en bramant des cantiques et je suis de l'avis de Saint Jean de la Croix, écrivant dans sa Montée du Carmel *: « J'approuve fort celui qui, pour ne pas se joindre à la foule des pèlerins, entreprend des pèlerinages en dehors de l'époque fixée ; quand les multitudes s'y pressent, jamais je ne lui conseillerai de s'y mêler ; on risque d'en revenir plus distrait qu'on n'y est allé ! » [...]*
On vit, il faut l'avouer, à Lourdes, dans une température d'âme étonnante ; c'est la chambre de chauffe de la piété. Ces hurlements ininterrompus d'Ave, ces remous de foule que l'on a constamment sous les yeux, cette vue permanente des gens qui souffrent et de gens qui se gaudissent et mangent et boivent sur l'herbe comme un dimanche à Clamart, finissent par vous abasourdir. On vit dans un milieu sans proportions ; l'extrême des douleurs et l'extrême des joies, c'est tout Lourdes.

Les foules de Lourdes

Maurice Barrès

Maurice Barrès (1862-1923), écrivain et homme politique, connut à vingt-cinq ans le succès littéraire avec Le Culte du Moi *qui en fit le maître à penser de toute une génération autour des valeurs nationalistes. Il est venu plusieurs fois à Lourdes.*

À la première impression, Lourdes semble une ville d'eaux, mais avec cette nuance que c'est une ville d'eau bénite. La douceur de l'air, un ciel voilé, les cloches qui sonnent, cent objets muets préparés pour frapper l'imagination, et battre ce briquet mystérieux du cœur d'où jaillira l'éternelle mystique : c'est Lourdes, où règne la Vierge. Je suis allé tout droit à la grotte de la révélation. L'eau susurre et se froisse en glissant, les cloches tintent sur les couverts, et de la prairie voisine s'élève le bêlement des troupeaux. Quelque chose d'ineffable flotte dans cette solitude. En vain les marchands comptent-ils leurs sous, en vain une affiche nous dit : « Veillez à votre porte-monnaie. *» Il est dans l'air un attendrissement, une grâce.*

Ah ! que les délicats me gênent avec leurs objections intempestives. Qu'ont-ils à blâmer dans ce beau lieu spirituel ? Qu'est-ce qui les irrite dans Lourdes et leur inspire cet air dégoûté ? Ses bazars pieux, un certain aspect balnéaire ? Je sais, quelques-uns voudraient que les églises eussent toutes du style et ne fussent jamais neuves. Ah ! laissez-moi tranquille avec votre regard attardé sur de l'éphémère. Je viens ici m'émouvoir à quelque chose d'éternel. C'est un spectacle sublime et qui passe tout, cette grotte illuminée au pied de ce rocher, et, au-dessus, les deux églises superposées qui chantent. Cette émotion souterraine qui s'épure dans cette ascension, je n'ai rien vu d'aussi profond dans l'univers entier.

Une visite à Lourdes

Léon Trotski

Léon Trotski (1879-1940) fut avec Lénine l'un des principaux instigateurs de la révolution d'octobre 1917. Banni et expulsé d'URSS par Staline, il s'est d'abord installé en Turquie puis en France, près de Royan, en 1933. C'est lors de ce séjour que le militant révolutionnaire et son épouse sont venus à Lourdes le jour même où une nouvelle innovation technique, la T.S.F., a permis aux fidèles d'écouter en direct la bénédiction du pape depuis Rome. C'en est trop pour Trotski qui a laissé quelques lignes au vitriol sur cette visite dans son Journal d'exil.

Le pape bénit par T.S.F. les fidèles de Lourdes : la messe pontificale a pris fin aujourd'hui vers 16 heures 20. Un peu après les haut-parleurs ont annoncé qu'ils allaient faire entendre la Cité du Vatican et que Sa Sainteté Pie XI allait donner sa bénédiction… L'année dernière avec Natalia, nous avons été à Lourdes : quelle grossièreté, quelle impudence, quelle vilenie ! Un bazar aux miracles, un comptoir commercial de grâces divines. La grotte elle-même fait une impression misérable. C'est naturellement là le calcul psychologique des prêtres : ne pas effrayer les petites gens par les grandioses dimensions de l'entreprise commerciale : les petites gens craignent une vitrine trop magnifique. En même temps, ce sont les plus fidèles et les plus avantageux acheteurs. Mais le meilleur de tout, c'est cette bénédiction du Pape, transmise à Lourdes… par la radio. Pauvres miracles évangéliques, à côté du téléphone sans fil ! Et que peut-il y avoir de plus absurde et de plus repoussant que cette combinaison de l'orgueilleuse technique avec la sorcellerie du super-druide de Rome ! En vérité, la pensée humaine est embourbée dans ses propres excréments.

Journal d'exil

Victor Hugo

1802 - 1885

DERNIERS JOURS DE BONHEUR À CAUTERETS

Victor Hugo et Juliette Drouet poursuivent leur escapade amoureuse (voir p. 12) et, venant d'Espagne, arrivent à Cauterets le 15 août 1843 ; ils vont y séjourner une quinzaine de jours avant le tragique épilogue sur le chemin du retour à Paris[1]. L'écrivain, déjà célèbre, a réservé sous le nom d'emprunt de M. Michel pour ne pas être importuné ; comme tous les curistes, Victor et Juliette font quelques randonnées, dans la vallée du Marcadau, au lac de Gaube, au plateau de Cambasque et jusqu'à Gavarnie, site désormais incontournable. Dans une lettre à son ami le poète Lamartine, Victor livre ses impressions de voyage, assurément l'une des périodes les plus heureuses de sa vie :

« *Comment va Paris et qu'y faites-vous tous ? Voilà deux mois que je n'ai lu un journal, et je ne sais rien si ce n'est que le soleil est éblouissant, le ciel bleu, la mer grande, la montagne admirable. Je sais tout de Dieu et rien de l'homme. Eh bien ! Je vis.*

Qu'en dites-vous ? N'ai-je pas l'essentiel ? Ne vaut-il pas mieux regarder les Pyrénées que les Chambres ? Un sapin penché sur une cascade n'est-il pas plus beau à voir que les lois qu'on fait ? L'océan que Dieu agite n'est-il pas plus grand que cette foule où se démènent tant d'intérêts, où surnagent si peu d'idées ? À tout prendre, je vis comme un loup, et trouve cela bon[2] »

Mais les promenades à cheval au bord des précipices et des torrents de montagne réservent parfois quelques frayeurs aux « Parisiens ».

Le Pont d'Espagne

1. Le couple repart de Cauterets le 30 août, d'abord pour Luz Saint-Sauveur jusqu'au 2 septembre, puis pour Paris via Auch, Agen, Périgueux et l'île d'Oléron. Le 9 septembre, en attendant la diligence de Paris dans un café de Rochefort, Hugo découvre dans le journal *Le Siècle* que sa fille adorée, Léopoldine, et son mari se sont noyés dans la Seine quelques jours plus tôt.

2. Lettre à Alphonse de Lamartine du 27 août 1843.

« Ah ! tu veux des torrents, Parisien !
tu veux des gaves, des cascades, des gouffres,
des précipices, des émotions !
Eh bien, en voilà. Tiens, regarde, penche-toi,
ici, et ici, et ici. En as-tu assez ? »

Ces chevaux de montagnes sont admirables, patients, doux, obéissants, pleins d'instincts variés. Ils montent des escaliers et descendent des échelles. Ils vont sur le gazon, sur le granit, sur la glace. Ils côtoient le bord extrême des précipices. Ils marchent délicatement et avec esprit, comme des chats. De vrais chevaux de gouttières.
Le mien était curieux et avait son originalité. Il semblait aimer les émotions. Il choisissait toujours pour y cheminer le petit bord de tous les abîmes que nous rencontrions. Il avait l'air de se dire : ce monsieur est un artiste, un amateur. Il faut lui faire bien voir tout.
Ah ! tu veux des torrents, Parisien ! tu veux des gaves, des cascades, des gouffres, des précipices, des émotions !
Eh bien, en voilà.
Tiens, regarde, penche-toi, ici, et ici, et ici. En as-tu assez ?
Je trottais ainsi en surplomb sur des escarpements de huit cents pieds de profondeur avec un petit gave bleu et sombre en bas sous les yeux. J'essayai d'abord de lui faire prendre des directions moins pittoresques, mais il s'obstina, et quand je vis que c'était son goût, j'avais trop d'intérêt à rester bien avec lui pour le contrarier, et je le laissai faire.

Victor Hugo
Alpes et Pyrénées

À Cauterets

« Le matin les vapeurs, en blanches mousselines,
Montent en même temps, à travers les grands bois
De tous les ravins noirs, de toutes les collines,
De tous les sommets à la fois !
Un jour douteux ternit l'horizon ; l'aube est pâle ;
Le ciel voilé n'a plus l'azur que nous aimons ;
Tant une brume épaisse à longs flocons s'exhale
Du flanc ruisselant des vieux monts.
On croit les voir bondir comme au temps du prophète,
Et l'on se dit, de crainte et de stupeur saisi :
Ô ! chevaux monstrueux ! Quelle course ont-ils faite
Que leurs croupes fument ainsi ? »

Victor Hugo
Toute la lyre

Cauterets,
matin brumeux en vallée du Marcadau

Théophile Gautier

1811 - 1872

LE RETOUR À TARBES D'UN ROMANTIQUE FLAMBOYANT

Que d'éloges sur ce Tarbais !
« *Au poète impeccable, au parfait magicien ès Lettres françaises, à mon très cher et très vénéré maître et ami Théophile Gautier, avec les sentiments de la plus profonde humilité, je dédie ces fleurs maladives.* » (Charles Baudelaire, dédicace des *Fleurs du mal*).
De quel hommage plus prestigieux peut rêver un auteur ?
Théophile Gautier est né à Tarbes mais il n'est resté que trois ans au pied des Pyrénées ; son père muté à Paris, c'est aux lycées Louis-le-Grand et Charlemagne que le jeune Gautier fait ses études. Il y rencontre Gérard de Nerval avec qui, vêtu d'un provocateur gilet rouge, il participera en 1830 à la première représentation d'*Hernani* de son ami Victor Hugo, sujet de la bataille entre Classiques et Romantiques.
C'est bien plus tard, en 1860, que le poète désormais célèbre reviendra incognito dans sa ville natale, au collège où le principal, ignorant son identité, lui montre la fameuse table sur laquelle le petit Théophile « aurait écrit ses premières lettres ».
La publication du portrait de Théophile Gautier dans *l'Illustration*[1] est accompagnée de ce texte autographe ; c'est la première fois qu'il rédige un récit de sa vie.

1. *L'Illustration* du 9 mars 1867.

Tarbes, le jardin Massey

« Tarbes, le souvenir des silhouettes de montagnes bleues qu'on découvre au bout de chaque ruelle... »

Diverses notices me font naître à Tarbes le 31 août 1808. Cela n'a rien d'important, mais la vérité est que je suis venu dans ce monde le 31 août 1811, ce qui me donne un âge assez respectable pour m'en contenter. On a dit aussi que j'avais commencé mes études en cette ville et que j'étais entré en 1822, pour les finir, au collège Charlemagne.
Les études que j'ai pu faire à Tarbes se bornent à peu de choses, car j'avais trois ans quand mes parents m'emmenèrent à Paris, à mon grand regret, et je ne suis retourné à mon lieu de naissance qu'une seule fois pour y passer vingt-quatre heures, il y a six ou sept ans.
[...]
On doute parfois de la mémoire des enfants. La mienne était telle, et la configuration des lieux s'y était si bien gravée qu'après plus de quarante ans j'ai pu reconnaître, dans la rue qui mène au Marcadieu, la maison où je naquis. Le souvenir des silhouettes de montagnes bleues qu'on découvre au bout de chaque ruelle et des ruisseaux d'eaux courantes qui, parmi les verdures, sillonnent la ville en tous sens, ne m'est jamais sorti de la tête et m'a souvent attendri aux heures songeuses.
[...]
J'ai su lire à l'âge de cinq ans... À ce propos, qu'on me permette de placer une courte anecdote. Il y avait cinq ou six mois qu'on me faisait épeler sans grand succès ; je mordais fort mal au ba, be, bi, bo, bu, *lorsqu'un Jour de l'An le chevalier de Port de Guy, dont parle Victor Hugo dans* Les Misérables, *et qui portait les cadavres de guillotinés, me fit cadeau d'un livre fort proprement relié et doré sur tranche, et me dit :*
- Garde-le pour l'année prochaine, puisque tu ne sais pas encore lire.
- Je sais lire, *répondis-je,* pâle de colère et bouffi d'orgueil.
J'emportai rageusement le volume dans un coin, et je fis de tels efforts de volonté et d'intelligence que je le déchiffrai d'un bout à l'autre et que je racontai le sujet au chevalier à sa première visite.
Ce livre, c'était Lydie de Gersin. *Le sceau mystérieux qui fermait pour moi les bibliothèques était rompu. Deux choses m'ont toujours épouvanté, c'est qu'un enfant apprit à parler et à lire ; avec ces deux clefs qui ouvrent tout, le reste n'est rien. L'ouvrage qui fit sur moi le plus d'impression, ce fut* Robinson Crusoé *; j'en devins comme fou, je ne rêvais plus qu'île déserte et vie libre au sein de la nature, et me bâtissais, sous la table du salon, des cabanes avec des bûches où je restais enfermé des heures entières.*

Théophile Gautier
Portraits contemporains

Charles Baudelaire

1821 - 1867

LE JEUNE POÈTE EN VACANCES À BARÈGES

Fin août 1838, à 17 ans, le jeune Charles Baudelaire vient de passer avec succès l'examen d'entrée en classe de philosophie au lycée Louis-le-Grand. Il est maintenant en vacances et part tout seul en diligence - ah ! quel plaisir, c'est la première fois - rejoindre sa mère et son beau-père, le général Aupick, en cure à Barèges. Il y reste une quinzaine de jours à randonner et l'une de ses courses l'a sûrement conduit jusqu'au lac d'Escoubous, dans le massif du Néouvielle, ou au très visité lac de Gaube qui lui aurait inspiré le poème *Incompatibilité*.

Dans une lettre[1] d'octobre 1838 à son frère Alphonse, le poète évoque ce périple aux Pyrénées : « ...*Voici quel a été notre voyage. D'abord, je suis parti seul jusqu'à Barèges ; j'y suis resté quinze jours à courir à pied, à cheval : la journée se passait en courses ; on ne rentrait que pour dormir, puis de Barèges, nous sommes allés à Bagnères au bout de la vallée de Campan. Bagnères est un lieu de délices : le plus beau pays de France...* »

1. Musée pyrénéen de Lourdes ; l'existence de cette lettre qui date définitivement le voyage aux Pyrénées (départ de Paris le 23 août) ne fut révélée qu'en 1966 dans l'ouvrage *Lettres inédites aux siens* de Philippe Auserve. Ed. Grasset

Lac de Gaube, William Oliver (*Scenery of the Pyrenees*)

Incompatibilité

Tout là-haut, tout là-haut, loin de la route sûre,
Des fermes, des vallons, par delà les coteaux,
Par-delà les forêts, les tapis de verdure,
Loin des derniers gazons foulés par les troupeaux,

On rencontre un lac sombre encaissé dans l'abîme
Que forment quelques pics désolés et neigeux ;
L'eau, nuit et jour, y dort dans un repos sublime,
Et n'interrompt jamais son silence orageux.

Dans ce morne désert, à l'oreille incertaine
Arrivent par moments des bruits faibles et longs,
Et des échos plus morts que la cloche lointaine
D'une vache qui paît aux penchants des vallons.

Sur ces monts où le vent efface tout vestige,
Ces glaciers pailletés qu'allume le soleil,
Sur ces rochers altiers où guette le vertige,
Dans ce lac où le soir mire son teint vermeil,

Sous mes pieds, sur ma tête et partout, le silence,
Le silence qui fait qu'on voudrait se sauver,
Le silence éternel et la montagne immense,
Car l'air est immobile et tout semble rêver.

On dirait que le ciel, en cette solitude,
Se contemple dans l'onde, et que ces monts, là-bas,
Écoutent, recueillis, dans leur grave attitude,
Un mystère divin que l'homme n'entend pas.

Et lorsque par hasard une nuée errante
Assombrit dans son vol le lac silencieux,
On croirait voir la robe ou l'ombre transparente
D'un esprit qui voyage et passe dans les cieux.

Charles Baudelaire

Alphonse de Lamartine

1790 - 1869

PAS DE POÈME POUR MISS ELLIS À BAGNÈRES-DE-BIGORRE

Au XIXe siècle, Bagnères-de-Bigorre est la « capitale thermale des Pyrénées » et attire à la saison une bonne partie du gotha aristocratique, politique et artistique de l'Europe. Ses équipements de bains et de loisirs, sa situation privilégiée dans la magnifique vallée de Campan au pied du Pic du Midi en font la station préférée des curistes et des dandys. On va au moins un jour à Bagnères même si l'on est en villégiature à Cauterets, Barèges ou Luchon. En 1825, George Sand y vient depuis Cauterets et décrit « *une ville de plaisirs avec des demeures opulentes, des attelages de luxe. Beaucoup de fêtes, de spectacles, de monde et de bruit* ».
Charles Baudelaire, alors à Barèges, y passe en 1838 « *C'est un lieu de délices, le plus beau pays de France.* »

Lamartine arrive en juillet 1840 dans les Pyrénées pour soigner des rhumatismes ; il est déjà célèbre : député, académicien, il a publié avec succès plusieurs recueils de poésie. Les stations à la mode se disputent sa présence car le poète n'a pas son pareil pour vanter en quelques mots une ville ou un paysage. Il se rend d'abord à Pau où, lors d'une promenade dans le parc du château, face aux Pyrénées, il déclame : « *Voilà la plus belle vue de la terre, comme Naples a la plus belle vue de la mer.* »[1]
Bagnères attend impatiemment son tour... et espère que le poète prononcera quelques vers sublimes sur le Pic du Midi ou sur la ville. Il y arrive le 14 juillet et l'on a organisé une sérénade en son honneur. Dans la foule qui se presse pour l'entendre, une touriste anglaise, Miss Ellis, va laisser le récit ci-contre de l'accueil offert au poète[2].
Mais de vers et d'alexandrins, point ! Seuls ces quelques mots de remerciement de Lamartine pour la réception : « *La plus belle vertu d'un peuple, c'est l'hospitalité ; les anciens en jugeaient ainsi : on la retrouve partout dans vos montagnes... Je n'ai d'autres titres aux bontés dont vous m'honorez que cette admiration passionnée pour votre beau pays, admiration que je partage avec le monde entier, mais que vous me commandez de sentir plus profondément que tous... Vous voulez que je vous laisse un souvenir... Je vous laisse celui de votre propre générosité, et je vous laisse à jamais l'honneur que vous voulez bien me faire, comme un titre de famille dont je me glorifierai dans ma patrie ...* »[3]

1. *Mémorial de Pau*, 11 juillet 1840.
2. Sarah Stickney Ellis, *Summer and Winter in the Pyrenees*, 1841.
3. *L'Echo des Vallées*, 15 août 1840.

Les danseurs (détail), Albert Dartiguenave

« Mais ce qui me charma le plus, fut un de ces chants farouches des montagnes, chantés à trois ou quatre voix, et c'était une chose belle et émouvante. »

Nous arrivâmes au moment même où la foule se rassemblait devant la porte de l'hôtel où les musiciens avaient déjà pris place. La lune n'avait pas voulu manquer ce spectacle, elle s'élevait au-dessus des sommets dans une poétique splendeur. Les gens d'ici, si différents de la foule anglaise, étaient parfaitement calmes, et, lorsque la musique commença et que le poète et ses invités se furent penchés à la fenêtre, je pensais à cette étrange visite qu'il fit à cette femme admirable, lady Stanhope.
Aucune nuit ne fut jamais plus propice à une telle sérénade. La musique était bonne et la lune splendide. On chanta une de ses poésies, et alors, il parut particulièrement attentif. Nous eûmes enfin une chanson en patois, et les gens furent alors incapables de se contenir plus longtemps : de violents éclats de rire fusèrent, soit à l'esprit de la chanson, soit à la familiarité de leur propre langue.
Mais ce qui me charma le plus, la seule chose en vérité que nous étions venus entendre, fut un de ces chants farouches des montagnes, chantés à trois ou quatre voix, et c'était une chose belle et émouvante. Nous ne pouvions que saisir çà et là quelques mots ; mais ils étaient tels que, avec la musique, ils représentaient clairement à l'esprit les images associées à la brise des montagnes, aux torrents étincelants, aux chèvres bondissantes, et à tout ce qui appartient à la vie libre et audacieuse d'un « brave montagnard ».
Quand Lamartine eut terminé son discours au peuple, c'est à peine si l'on eût pu entendre un applaudissement ; mais le silence de la foule était ce soir-là infiniment plus expressif, et je fus fort touchée de ce que cette scène avait d'approprié à la réception du poète.

Sarah Stickney Ellis
Summer and Winter in the Pyrenees

« Mais l'aurore a paru.
Le front du monstre que nous
allons dompter devient tout rouge,
et les étoiles s'éteignent dans les brouillards
sanglants du crépuscule. Il faut partir. »

Henry Russell
Souvenirs d'un montagnard

Lever de soleil sur le pic de Néouvielle
et le lac d'Aumar

Henry Russell

1834 - 1909

M. LE COMTE EN SON DOMAINE DU VIGNEMALE

Henry Russell, personnalité éminente du pyrénéisme, est né à Toulouse d'un père irlandais et d'une mère gasconne qui lui fait découvrir dès l'âge de six ans les sentiers des Pyrénées. À partir de vingt-deux ans, il voyage à travers le monde, d'abord quelques mois aux Amériques puis pendant trois ans en Asie et Océanie.

Henry Russell

Sa passion pour la montagne s'affirme et dès son retour à Bagnères-de-Bigorre il se lance dans une impressionnante série d'ascensions qui ne prendra fin que quarante ans plus tard ; il vit désormais de sa fortune personnelle et va se consacrer exclusivement à ses chères Pyrénées.

Infatigable marcheur, il explore toute la chaîne, de l'Ossau au Canigou, du Mont Perdu à l'Aneto, et réalise de nombreuses « premières ». Mais Henry Russell est avant tout l'homme du Vignemale (3298 m), point culminant des Pyrénées françaises, qu'il gravit pour la première fois le 14 septembre 1861. (« *Ascension de fiançailles et début d'une passion éternelle* » dira Béraldi). Il est monté plus de trente fois au sommet, jusqu'à l'âge de 70 ans, effectuant même en 1869, avec les guides Hippolyte et Henri Passet, la première ascension hivernale en Europe.

Il fit percer sept grottes à différents niveaux pour passer des nuits en montagne, explorer plus facilement tout le massif et recevoir l'été de nombreux invités avec qui il partage des repas pantagruéliques[1]. La première grotte à 3200 m est achevée durant l'été 1882 et aussitôt baptisée *Villa Russell*. En août 1884, elle est équipée et aménagée (il y a même un poêle !), et trois messes y sont dites par le Père Carrère. Une autre grotte est réservée pour ses guides, une pour les dames, une autre encore pour entreposer des bagages.

En 1889, il demande la concession de la partie sommitale du Vignemale à la commission syndicale de la vallée de Barèges et cette propriété de deux cents hectares lui est accordée pour 99 ans pour la somme symbolique de un franc par an. Doté d'un réel talent d'écriture, Henry Russell est l'incarnation du pyrénéisme, qu'Henri Beraldi a ainsi défini : « *ascensionner, écrire, et sentir* »[2].

Il est l'auteur de plusieurs ouvrages dont l'incontournable *Souvenirs d'un montagnard*, sans cesse réédité, somme de récits de ses innombrables courses et descriptions de paysages. Il nous invite ici à passer une nuit glaciale au sommet du Vignemale pour jouir du lever du soleil sur le glacier d'Ossoue et du bruit des cascades qui lui rappellent une complainte de Chopin.

1. Menu du déjeuner du 31 juillet 1894 : Soupe, filets de sole, fricandeau (bœuf, veau, mouton), vins de Bordeaux, café, thé russe, punch, cigares, poires.
2. *Cent ans aux Pyrénées*, Tome I, 1898.

Une nuit au sommet du Vignemale

Dix ans après (26 août 1880), je me rendis coupable de l'excentricité de passer toute une nuit au sommet du Vignemale, entre la terre et la lune.

J'avais Brioul et le porteur Haurine, tous deux assez chargés, car, si le temps l'avait permis, je comptais séjourner plusieurs nuits sur la cime. Étant partis très tard de Gavarnie, nous n'arrivâmes au sommet qu'à sept heures, et c'est au crépuscule que nous dînâmes en dix minutes. Du reste, nous n'étions pas fâchés d'en finir au plus vite, car il soufflait une petite brise glaciale qui nous paralysait les doigts. Heureusement qu'elle tomba subitement. Ayant ingurgité avec délices un punch beaucoup plus chaud que ceux que l'on me sert dans les cafés, puis un verre de chartreuse, j'allumai mon cigare, que je fumai solitairement sur mon trône aérien, car mes deux hommes, ayant trop froid, me demandèrent de les laisser descendre un peu à l'Est où ils passèrent la nuit blottis sous un rocher qui forme une sorte de niche, et qui, dans une tempête pourrait être fort utile. Il est bon à connaître. Mais ils m'aidèrent d'abord à me creuser sur le sommet une espèce de tombeau, où à huit heures je m'enterrai sous les cailloux dans mon grand sac en peaux d'agneaux. Trois « bonsoir » solennels retentirent dans l'espace, et puis je restai seul, avec les sensations d'un naufragé sur un îlot funèbre des mers arctiques.

Il n'y avait cependant rien à craindre. Mon seul ennemi, c'était le froid. Je voyais bien, dans le Nord-Ouest, vers l'Atlantique, un grand rideau de nuages très sombres ; mais il ne montait pas encore, et il était d'ailleurs à une distance probable de 200 kilomètres. [...]

En sondant du regard les profondeurs qui m'entouraient, j'y distinguais nettement une mer illimitée de nuages qui couvrait partout le monde dont elle me séparait. À sa surface surnageaient tristement, comme les débris sinistres d'un continent noyé, tous les sommets des Pyrénées dépassant cette hauteur, et j'en reconnaissais beaucoup à leur silhouette. Ils ressemblaient à des collines d'argent, et leur pâleur était cadavérique.

[...]

Malheureusement, le froid devint intolérable ! Malgré le sac, je frissonnais, j'avais des spasmes, comme au contact d'une batterie électrique. À deux heures du matin, mon thermomètre marquait 3°C au-dessous de zéro, et j'entendais grelotter et tousser mes deux hommes, qui ne fermèrent pas l'œil non plus. En effet, j'étais bleu et gelé. Je me levai cinq ou six fois pour me promener, ou plutôt pour courir, sur les 20 m² qui forment la cime du Grand-Vignemale ; la lune la couvrait d'or et d'une lumière mystique... Enfin le jour vint à notre délivrance.

À quatre heures trente minutes, une bande dorée, qui montait à vue d'œil, illumina l'Orient. C'était l'aurore qui s'avançait triomphalement. À cinq heures, je reçus un rayon de soleil. Quelle joie ! Ce fut une des plus grandes jouissances physiques que j'aie jamais éprouvées de ma vie, car sur les plaines de Sibérie, dont le souvenir me revint un moment, le soleil avait beau se lever, il ne me consolait jamais de rien ; il y faisait encore près de 40° de froid. Ici, malgré les neiges et les glaciers qui m'entouraient, quelle différence ! Comme j'eus chaud tout de suite ! bien que le thermomètre à l'ombre

marquât encore zéro. Puis la vue seule de la lumière aurait suffi pour rallumer un peu mon sang, par le bonheur qu'elle me donnait, tant elle était ardente et pure ; tout ce qu'elle éclairait semblait brûler. Bientôt le grand glacier d'Ossoue, après avoir pris feu aussi, s'empourpra tout à coup sur une longueur de plusieurs kilomètres : il avait l'air d'un fleuve de sang, couvert de vagues énormes et rouges, et ses crevasses, qui sont tout aussi grandes que celles des Alpes, ressemblaient à des gueules écarlates.
Alors, dans ce réveil universel de la nature, les nuages qui me cachaient la terre depuis la veille commencèrent à frémir et à fondre. Je vis au nord, à plus de 1500 m de profondeur, un coin du lac de Gaube, et j'entendis monter autour de moi le bruit de mille cascades, pendant que mes regards se promenaient à l'horizon sur des magnificences à perte de vue. Quelle poésie ! Et quand on l'a une fois goûtée, comment jamais dire adieu aux montagnes ? Dans tous ces bruits confus, je croyais reconnaître (tant je l'aime) la voix inconsolable du torrent de Splumouse, qui remplissait d'une harmonie tantôt sauvage, tantôt morbide, l'abîme neigeux qui tombe au nord du Grand-Vignemale. Il me rappelait vaguement la musique éplorée de Chopin…

Henry Russell
Souvenirs d'un montagnard

Henry Russell, ses amis et les guides posent devant les grottes près du sommet du Vignemale. Les inscriptions « Villa Russell », « Guides » et les croix ont été rajoutées par Russell lui-même sur la photographie

VILLA

Christian Laborde

1955

FOU DE MOTS ET DE VÉLO

Ecrivain, poète, chroniqueur, conteur et pamphlétaire, né au pied du col du Tourmalet, Christian Laborde est l'auteur d'une quarantaine d'ouvrages dont *L'Os de Dionysos*, dernier roman à avoir subi la censure (1987). Son ami Claude Nougaro l'intronise ainsi : « *Christian Laborde est mon frère de race mentale. C'est un poète, c'est-à-dire un homme qui parle une langue de couleurs à délivrer les grands baisers de l'âme.* » Comme son mentor, il jongle avec les mots, les jeux de mots et les calembours, les sons et les rythmes dans ses chroniques littéraires, à la radio ou sur les scènes de théâtre. Ardent défenseur de la nature, Christian Laborde est un fou de vélo qu'il pratique sur les routes montueuses du piémont pyrénéen ; il a écrit plusieurs livres sur l'épopée du Tour de France et ses héros : *le Dictionnaire amoureux du Tour de France*, *Duel sur un volcan*, *Fenêtre sur Tour*, *Le Roi Miguel*, *Tour de France, nostalgie* (Prix Louis Nucéra 2013)... C'est son talent de mémorialiste qui s'exprime ici dans l'évocation des souvenirs de jeunesse, lorsque son père l'emmenait sur les pentes des cols pyrénéens voir passer les coureurs du Tour de France.

Un feu follet vers les sommets

« Le vermicelle du Tourmalet »

Maman nous réveillait bien avant l'aube pour aller voir passer les coureurs du Tour. Nous buvions du Banania tandis que papa sortait de la grange la Renault, une Ondine gris métallisé, avec une sellerie rouge. Maman disposait dans le coffre la table de camping, les pliants, le cageot rempli de victuailles. Je me souviens du riz au lait, des pêches, de la limonade. Nous nous installions, avec mon frère, sur la banquette arrière. Mon père démarrait après avoir embrassé, sur le porte-clés béni par monsieur le curé, l'effigie de saint Christophe.

Nous roulions vers Bagnères en empruntant la vieille route, puis vers les cols. À Sainte-Marie-de-Campan, mon père prenait la direction du Tourmalet si les coureurs allaient de Luchon à Pau, celle d'Aspin et de Peyresourde si l'arrivée se jugeait à Luchon. Je me souviens des cascades du Tourmalet. Les eaux froides se brisaient sur les pierres brunes, projetant de l'écume jusque sur la route. J'aimais le col d'Aspin, ses arbres, son sommet herbeux, bleu et rond. Papa roulait doucement et se garait toujours à hauteur d'un dégagement. Il choisissait un endroit à l'ombre, une portion de route raide sur laquelle Raymond Poulidor placerait un violent démarrage. Mon père a passé le plus clair de son temps à attendre que Raymond démarre. Je me souviens de sa joie lorsque Poupou, en 1974, avait attaqué sèchement dans le premier virage du Pla d'Adet. Papa tirait sur le levier du frein à main, coupait le moteur, filait vers les arbres, à la recherche d'une pierre qu'il calait contre l'une des roues de l'Ondine. On ouvrait le coffre, on installait la table de camping, les pliants, et l'on cassait la croûte : du saucisson, des anchois, le pain épais de Campan. Et de la limonade [...]

Nous déjeunions à midi pétant. Le vermicelle qui avait passé plusieurs heures dans la Thermos était gonflé, gorgé de bouillon et de goût. Le vermicelle du Tourmalet ou de Peyresourde nous réchauffait quand le col était noyé de brume, quand le froid nous enveloppait. Papa disait : Anquetil n'aime pas la pluie. Il ajoutait : les Espagnols non plus. Il répétait : ce temps c'est bon pour Raymond, avant de verser dans son assiette, au fond de laquelle stagnait une infime flaque de bouillon, une bonne dose de rouge.

Le col était plein, les motards Cinzano passaient debout sur leur moto, les klaxons hurlaient, se chevauchaient et des hommes coiffés de casquettes, assis à l'arrière de camions surmontés de haut-parleurs, nous lançaient des journaux : « Les équipes, les dossards, les photos des champions... » [...] Tout à coup : « Izariv ! *» Tout à coup : «* Issonla ! *» C'était un « i » qui les annonçait, une voyelle comme une trompette, une trompette « rouge », pareille au « rire des lèvres belles ». C'était le « i » qui sortait de la bouche de mon père lorsqu'il récitait, dans la cuisine, la litanie des champions italiens. [...]*

Tous ces héros étaient chez eux, dans ces montagnes où l'on s'égare dès que le brouillard descend, où des femmes se font kidnapper, engrosser par les ours, où l'on ne peut faire un pas sans tomber sur un lutin, une fée, un dieu. Dans ces montagnes où vivent des « moutons aux cornes d'or » des « Géants hérissés de poils et mangeurs d'enfants », de nouveaux Géants, glabres, le buste ceint de leurs propres boyaux, les jambes lisses comme des sucres d'orge, se succédaient, coiffés de casquettes blanches, des socquettes blanches à leur cheville, les mains posées sur la guidoline colorée de leur monture dont le soleil nappait de feu les étriers.

J'étais heureux.

Christian Laborde

Dictionnaire amoureux du Tour de France

Gavarnie

Au bonheur des mots, au bonheur du cirque !

« Elles sont si pures
et si brillantes, les matinées
de Gavarnie !
Le ciel, la glace et les sapins,
les précipices et les torrents,
tout étincelle, tout a
l'air enivré de jeunesse,
de lumière et de joie ;
on est électrisé soi-même,
et on voudrait bondir. »

Henry Russell
Souvenirs d'un montagnard

Le cirque de Gavarnie

Eugène Viollet-le-Duc

1814 - 1879

UN GRAND ARCHITECTE À LA BRÈCHE DE ROLAND

Début mai 1833, Eugène Viollet-le-Duc et son ami le musicien Emile Millet partent pour un long voyage estival aux Pyrénées. Le jeune Eugène vient de terminer son apprentissage d'architecte, il est impatient de découvrir ces Pyrénées dont son père, qui a fait le voyage en 1809, lui a souvent parlé. Architecte, ce sera sûrement son métier[1], mais pour le moment c'est l'envie de dessiner, de peindre et de découvrir cette nature grandiose qui l'attire. Pendant ce long périple, il va réaliser plus d'une centaine de dessins et d'aquarelles ; son journal et les lettres qu'il envoie régulièrement à son père témoignent de son admiration extrême de la montagne mais aussi de la difficulté à rendre sur le papier toute la beauté et la vastitude des paysages qu'il a sous les yeux : « *Oh ! Que tout cela est grand, imposant, que tout cela frappe vivement quand on se trouve seul au milieu de ces solitudes, et que l'on cherche sur un pauvre morceau de papier et de pâles crayons, à rendre ces déserts, ces lignes si belles, ces colosses de granit qui vous écrasent par leur masse, ces sapins si sombres le soir, se détachant sur des montagnes encore dorées par le soleil !* »[2]

Infatigables marcheurs, les deux amis vont traverser à pied une bonne partie de la chaîne, de Bayonne à Luchon. Le 19 juillet, ils sont à la Brèche de Roland et découvrent l'Espagne.

1. Il deviendra célèbre une dizaine d'années plus tard comme architecte restaurateur de prestigieux monuments médiévaux : Notre-Dame de Paris, le Mont Saint-Michel, la Cité de Carcassonne, l'église Saint-Sernin à Toulouse...

2. Lettre à son père - 19 juillet 1833.

Le versant espagnol à la Brèche de Roland

« Une longue suite de montagnes bleues s'étendaient à l'infini au-dessous de nos pieds ; au-dessus, un ciel doux comme celui de Provence, c'était là l'Espagne. »

Le ciel se découvrant un peu nous nous remîmes à marcher sur le glacier, et bientôt notre guide, qui marchait devant nous cria avec emphase :
« Voilà l'Espagne ! »
Oh ! non, jamais je n'oublierai ce qui alors s'offrit à nos yeux. Une longue suite de montagnes bleues s'étendaient à l'infini au-dessous de nos pieds ; au-dessus, un ciel doux comme celui de Provence, c'était là l'Espagne. Il y avait là une douceur admirable dans les contours, dans les couleurs. Oh ! je vois encore ces collines éloignées, d'un bleu si pur, qui semblaient être le plus beau pays du monde.
En se retournant, quel aspect différent !
C'était un glacier sillonné de ravins par-dessus lequel des pics noirs et découpés de neige présentaient un spectacle lugubre et désolant ; pas d'horizon, pas de collines, des rochers stériles, et au-dessus un ciel vert chargé de nuages énormes et déchirés, c'était là la France. Il faisait très froid, cependant je pus encore faire deux dessins, l'un de l'Espagne, l'autre de la France, et ces dessins seront précieux pour moi, car peu d'endroits m'ont fait autant d'impression que la Brèche de Roland.

Eugène Viollet-le-Duc
Voyage aux Pyrénées

Gavarnie : coucher de soleil sur le Marboré (3248 m)

« Le Marboré, plus rouge qu'un volcan irrité, luttait encore avec la nuit, ne voulait pas s'éteindre, et perçait les ténèbres comme une flamme immortelle. »

Pendant le bel automne de 1890, je fis souvent de longues et solitaires promenades près des petits glaciers et des bois du Pailla ; mais ce ne furent que des rêveries. Tout s'y prête en ces lieux enchantés et fleuris, où la nature a fait un parc mystique. Là, ondulent en montant vers les glaces éternelles, des collines vertes, pastorales et gracieuses, non pas couvertes, mais mouchetées de jeunes sapins pyramidaux, qui s'y dressent comme des îles silencieuses de verdure, laissant apercevoir entre elles les neiges brillantes du cirque de Gavarnie et ses terrasses plus blanches que de l'ivoire ou de l'albâtre, tandis qu'en bas, ses précipices bleuâtres descendent verticalement dans l'ombre, comme des murailles d'airain ou de cobalt. On voit même ces blancheurs à travers le feuillage des sapins. À l'ouest de ces collines, sur le versant du cirque, la forêt change d'aspect ; elle devient vénérable et sérieuse et des sapins superbes, hauts de vingt à trente mètres, prêts à mourir, et penchés vers l'abîme, rappellent la majesté des forêts vierges et décharnées de l'Amérique du Nord. Un jour, le 8 septembre, je vis tout cela sous un soleil d'Afrique, et sans un nuage. Sur les montueux déserts du Piméné, des milliers de moutons agitaient leurs clochettes, et les bergers, heureux comme des enfants, chantaient de tout leur cœur, tandis qu'à l'ouest, où le gave écumait au soleil à d'énormes profondeurs, de petites brises innocentes, spasmodiques et nomades, m'apportaient ses sanglots. Souvent sa voix enflait au passage d'une rafale, et ses sonorités subites, mélancoliques et graves, me rappelaient la chute et l'écrasement des vagues sur les rivages et les rochers mousseux d'une mer lointaine. Que de souvenirs me revenaient alors !
Mon cœur faisait le tour du monde…
Jusqu'à quatre heures, la plus intense lumière régnait partout, et tout était habillé d'or.
Mais bientôt l'ombre engloutit Gavarnie et monta rapidement jusqu'à moi. Il n'y avait plus une créature humaine en vue, ni homme, ni femme, et cependant, toute la nature parlait d'amour, de poésie et de roman. Je subissais comme à vingt ans, les influences attendrissantes du soir et de l'automne, et les petits sapins qui se serraient affectueusement autour de moi, comme s'ils avaient peur de la nuit, me semblaient doués de vie, et même de sensibilité, malgré leur immobilité, leur deuil et leur mutisme. Il est souvent bien difficile de croire que la nature est morte, et ne sent rien… La mort ne se fait pas aimer.
À sept heures, il faisait déjà sombre, le vent était tombé. On n'entendait plus rien, et la désolation se répandit sur ma colline et ses sapins. Mais au-dessus de leurs noires et funèbres pyramides, le Marboré, semblable à un Olympe de neige, de marbre et de rubis, et plus rouge qu'un volcan irrité, luttait encore avec la nuit, ne voulait pas s'éteindre, et perçait les ténèbres comme une flamme immortelle.

Henry Russell
Souvenirs d'un montagnard
Soirée d'automne dans les bois de Pailla

Alfred de Vigny

1797 - 1863

QUELQUES HEURES À GAVARNIE, UN POÈME POUR LA VIE !

Alfred de Vigny a séjourné dans les Pyrénées de 1823 à 1825. Officier au 55e régiment d'infanterie, il avait été envoyé dans le Béarn pour préparer une intervention militaire en Espagne. Mais le jeune Alfred, qui rêve de gloire et de batailles chevaleresques depuis son engagement dans la Garde Royale, va connaître une grande désillusion : à Orthez, un ordre arrête le régiment qui n'aura plus qu'un rôle de surveillance de la frontière. Le capitaine Vigny va se morfondre en garnison entre Oloron, Pau et le fort du Portalet en vallée d'Aspe : « *Je vis au milieu des montagnes comme un de leurs ours.* » Mais, peu à peu, il découvre « *ces pyramides bleues chargées de neige, de forêts, de gazons...* » qui ne l'avaient jusque-là que peu intéressé et ces paysages influenceront indéniablement son œuvre. N'avoue-t-il pas dans une lettre à son ami Victor Hugo : « *L'ennui m'environne, je suis seul ; les Pyrénées sont sous mes yeux... Je vois de mon balcon les montagnes qui voient la Méditerranée et, à main droite, celles que baigne l'Océan ; le printemps est encore tout vert à leur pied et l'hiver étend toutes ses neiges sur leurs têtes. Et je n'écrirais pas, je ne chanterais pas sur toutes mes cordes !* »[1]

Ces quelques vers célèbres du poème *Le Cor* (1825), appris autrefois par tous les écoliers de France et les amoureux des Pyrénées, lui sont révélés après une excursion au cirque de Gavarnie. Et même s'il confond le port de Roncevaux, haut lieu théâtral de la Chanson de Roland, et la Brèche de Roland, même si la « Frazona » est en fait la « Stazona », version espagnole de l'Astazou, ces deux quatrains n'en restent pas moins intemporels.

1. Lettre à Victor Hugo du 5 octobre 1824

Cascade du Trou d'Enfer dans la vallée du Lys,
Gustave Doré

Ô montagnes d'azur ! Ô pays adoré !

Ô montagnes d'azur ! ô pays adoré !
Rocs de la Frazona, cirque du Marboré,
Cascades qui tombez des neiges entraînées,
Sources, gaves, ruisseaux, torrents des Pyrénées ;

Monts gelés et fleuris, trône des deux saisons,
Dont le front est de glace et le pied de gazons !
C'est là qu'il faut s'asseoir, c'est là qu'il faut entendre
Les airs lointains d'un Cor mélancolique et tendre.

Souvent un voyageur, lorsque l'air est sans bruit,
De cette voix d'airain fait retentir la nuit ;
À ses chants cadencés autour de lui se mêle
L'harmonieux grelot du jeune agneau qui bêle.

Une biche attentive, au lieu de se cacher,
Se suspend immobile au sommet du rocher,
Et la cascade unit, dans une chute immense,
Son éternelle plainte au chant de la romance.
...

Alfred de Vigny
Le Cor

Le Pic du Midi

« Un mont blême et terrible emplit le fond des cieux
Un pignon de l'abîme, un bloc prodigieux
Se dresse, aux lieux profonds mêlant les lieux sublimes,
Sombre apparition de gouffres et de cimes,

Il est là ; le regard croit sous son porche obscur
Voir le nœud monstrueux de l'ombre et de l'azur,
Et son faîte est un toit sans brouillard et sans voile,
Où ne peut se poser d'autre oiseau que l'étoile ;

C'est le Pic du Midi... »

Victor Hugo
La Légende des siècles

Le Pic du Midi vu des hauteurs de Capvern ;
au premier plan, le château de Mauvezin

Ramond de Carbonnières

1755 - 1827

LE SPECTRE DE BROCKEN

Géologue et botaniste confirmé, passionné de littérature, Louis Ramond de Carbonnières est aussi considéré comme l'un des premiers explorateurs de la haute montagne pyrénéenne. Ce baron se piquait également de politique puisqu'il fut élu en septembre 1791 député de Paris.

L'année suivante, il défend les prêtres réfractaires dont la déportation a été votée. Menacé par les révolutionnaires, il fuit Paris au mois d'août 1792 et se réfugie dans les Pyrénées où il était déjà venu herboriser à l'automne 1787.

Ramond de Carbonnières s'installe dans le petit village de Barèges, non loin d'Argelès-Gazost, dans la partie sud occidentale de la Bigorre. Là, il en profite pour remonter au Pic du Midi qu'il a déjà gravi à plusieurs reprises. Mais c'est un jour particulier, car une fois au sommet, Ramond et ses camarades voient apparaître le spectre de Brocken, phénomène rare dû à la conjonction de conditions atmosphériques particulières et de l'orientation du soleil. Ce spectre est l'ombre considérablement agrandie d'un objet observé sur un sommet montagneux. Cette ombre est parfois entourée d'un cercle lumineux. Si celui-ci est composé des couleurs de l'arc-en-ciel, on parle alors de « gloire » ou d'anthélie.

Le spectre de Brocken à l'étang d'Araing (Pic du Crabère)

*« Sur ce rocher, sous ce ciel,
à la vue de ce magique spectacle,
on eût cru assister vivant à son apothéose. »*

Je montai au Pic, le 8 août 1792, avec un ciel pur et le plus beau soleil. Arrivé à la cime, à trois heures et demie de l'après-midi, je trouvai non seulement la plaine entièrement couverte de nuages, mais ces nuages pressés contre l'escarpement septentrional de la montagne, et se dressant perpendiculairement sur ma tête à une hauteur que je n'estime pas moindre de cent cinquante mètres. La distance était facile à mesurer : trente pas, au plus. Sur cet immense rideau, dont la surface était parfaitement plane, se projetait mon ombre, celle de trois personnes qui m'accompagnaient, et l'ombre du tronçon de sommet au haut duquel nous étions placés, le tout environné d'un iris dont le diamètre m'a paru de quarante degrés au moins, et à peu près égal à celui des halos que nous voyons autour de la lune. La continuité de cette vaste circonférence n'éprouvait d'autre interruption que celle d'un arc de quelques degrés, intercepté par l'image de notre piédestal. Les couleurs de l'iris étaient d'une vivacité admirable, et nos ombres d'une telle netteté qu'un miroir n'en aurait pas plus fidèlement représenté les contours. Nous contemplâmes ce tableau, l'espace de trois quarts d'heure, sans qu'il éprouvât la plus légère altération. Sur ce rocher, sous ce ciel, à la vue de ce magique spectacle, on eût cru assister vivant à son apothéose.
[...]
Les caractères distinctifs du tableau qui s'est présenté à mes yeux, la netteté des ombres, la correction de leurs contours, l'unité et l'étendue du cercle irisé, s'expliquent tout naturellement par la forme de ce nuage, qu'un courant d'air, à la fois rapide et continu, déployait devant moi comme l'eût été un rideau bien tendu. Les nuages, au contraire, où Bouguer, les fils de Saussure et d'autres observateurs ont vu leur image imparfaite ou tronquée, et leurs têtes seulement environnées d'auréoles, avaient sans doute la forme ordinaire, et offraient cet assemblage de surfaces convexes, qui donne un aspect floconneux aux amas de vapeurs abandonnés à eux-mêmes.
Il n'est pas aussi aisé d'expliquer le phénomène lui-même. Voir son ombre sur un brouillard, est une chose fort ordinaire ; mais voir cette ombre entourée d'un cercle coloré, est une chose si rare, que la formation de cet iris semble exiger le concours d'une condition tout à fait extraordinaire. Bouguer pensait que les particules du nuage étaient glacées. Saussure partage son opinion et l'appuie de ce qu'il gelait sur la montagne de Salève au moment où ses fils furent témoins du phénomène. Beaunier, au contraire, ne trouve dans sa propre observation rien qui autorise cette conjecture, et Omaliùs-d'Halloy ne croit pas du tout à la congélation des particules, dans un brouillard qu'il rencontrait le 27 août, à une élévation très médiocre au-dessus du niveau de la mer. Je ne puis que me ranger à leur avis, bien qu'il y eût dans les dimensions de mon iris, de quoi favoriser l'opinion de Saussure mais, certes, il ne gelait pas le 8 août au Pic du Midi, et j'aurais peine à me persuader qu'il gelât dans cette nue, vivement éclairée de soleil, que je touchais de la main, et qui remontait de la plaine.

Ramond de Carbonnières
*Mémoire sur l'état de la végétation
au sommet du Pic-du-Midi de Bagnères*

Colette

1873 - 1954

SOUVENIR NOSTALGIQUE DES PYRÉNÉES

Sidonie-Gabrielle Colette, écrivaine, comédienne, journaliste, a débuté sa carrière littéraire par la série des *Claudine*, publiée sous le nom de son premier mari dont elle est le prête-plume.

Trompée et exploitée, elle divorce et pour survivre, devient artiste de music-hall, présentant dans des tenues légères des spectacles de danse et de pantomime. Elle est l'auteure d'une œuvre littéraire importante, plusieurs dizaines de romans, où elle exprime et revendique son statut de femme libre. En 1945, Colette est élue à l'académie Goncourt et en devient présidente en 1949. Dans ce passage de *La Vagabonde* (1910), elle évoque le souvenir des Pyrénées aperçues un matin de printemps depuis le train entre Saint-Gaudens et le Pays basque lors d'une tournée de pantomime à travers la France.

Vallée de Lutour

« *Qu'il est déjà loin, le gave glacé...* »

Comme le temps passe ! Où sont les Pyrénées fleuries de cerisiers, la grande montagne sévère qui semblait nous suivre, étincelante d'une neige qui donne soif, sabrée d'ombres vertigineuses, fendue d'abîmes bleus et tachée de forêts de bronze ? Où, les vallées étroites, et le gazon d'Espagne, et les orchidées sauvages d'un blanc de gardénia ? et la placette basque où fumait le chocolat noir ? Qu'il est déjà loin, le gave glacé, plein d'une grâce méchante, troublé par la fonte des neiges, transparent et laiteux comme les pierres de lune !

Colette
La Vagabonde

Simone Arnould-Humm

1920 - 2012

FUIR LA BARBARIE PAR LA MONTAGNE EN 1943

Pendant la Seconde Guerre mondiale, plusieurs milliers de personnes fuyant l'Occupation ont quitté la France par les Pyrénées : familles juives, réfractaires au Service du Travail Obligatoire, résistants, aviateurs anglo-américains... Des réseaux d'évasion ont été organisés sur toute la chaîne ; les passeurs, des montagnards locaux, connaissaient les chemins détournés vers les cols frontaliers ; mais atteindre l'Espagne par ces sentiers d'altitude n'était pas toujours facile pour des citadins, parfois des familles accompagnées d'enfants, pour la plupart peu habitués à la marche en montagne. Les rafles organisées par le régime de Vichy à l'été 1942 dans la zone libre, puis l'occupation de tout le territoire par les Allemands en novembre, poussent les familles juives, jusque-là assignées à résidence (à Lourdes, Cauterets, Aulus-les-Bains...), à fuir rapidement pour échapper à la déportation.

En juin 1943, c'est par la vallée d'Aure et le port de Barroude, à plus de 2500 m d'altitude, que dix-huit évadés, dont deux femmes, ont passé la frontière espagnole après plusieurs jours de marche avant d'arriver à Bielsa dévastée par les combats de la guerre civile. L'une d'elles, Simone Arnould-Humm, institutrice originaire des Vosges, a fait le récit[1] détaillé de cette fuite vers l'Espagne par la haute montagne ; nous retrouvons la petite troupe le soir du deuxième jour près du village d'Aulon à la recherche d'un abri pour passer la nuit...

1. *C'était en 43. Récit d'une évadée vosgienne.* Publication de l'Amicale des Écoles Normales des Vosges et de l'IUFM de Lorraine, 2008

Le lac de l'Oule par où sont passés les évadés vosgiens

« Dans cette immensité de neige, de tranquillité et d'espace, qu'éclaire une lune métallique, nous avançons, ombres mystérieuses, et nous quittons la France. »

Mercredi 16 juin 1943

Comme il est fier et dur, le vent froid de la nuit qui souffle autour de nous ! Mais, de quel goût de liberté il est chargé ! Nous repartons sans grand espoir dans la lumière bleutée de la lune. Voici qu'un chemin pierreux s'offre à nous ; il descend vers un village, sans doute Aulon.

Nous passons près de maisonnettes endormies et silencieuses. Il est peut-être minuit. Nous sommes las. Pour l'instant, le chemin est sans issue. Voici une petite maison ; nous en approchons prudemment. Pas de chien ! Mais, si elle était habitée, si les gens se mettaient à sortir, autant de points d'interrogation qui modèrent nos pas. Nous sommes néanmoins si fatigués ! Nous poussons la porte : une bonne odeur chaude de bêtes, de fumier et de lait nous souffle au visage. Des animaux bougent, des clochettes tintent. Vite, nous grimpons tous les quinze dans le grenier à foin. À cette saison, la couche est mince, mais qu'importe ! Nous sombrons immédiatement dans un profond sommeil.

Jeudi 17 juin 1943

Des clochettes qui tintinnabulent, des chaînes qui se tirent, des sabots claquant sur le ciment, des voix de femmes, c'est l'étable qui se réveille. De notre refuge, l'on entend le piétinement des bêtes qui se pressent vers la porte pour retrouver l'air frais et l'herbe mouillée. De chauds relents de bêtes montent jusqu'à nous. Peu à peu, les têtes émergent de la paille ; nous sortons péniblement de ce bienheureux sommeil ; et ce retour à la réalité, oserai-je dire qu'il fut douloureux, douloureux dans nos muscles, dans nos reins, douloureux dans nos esprits. Il va falloir recommencer à penser. Pour l'instant, c'est l'inquiétude qui domine. Nous nous consultons : faut-il révéler notre présence ? faut-il attendre leur départ ? mais, si elles montent ? vont-elles se fâcher ? Finalement, un camarade se décide et descend avertir la fermière ; nous attendons avec angoisse. Il reparaît bientôt et nous crie :

– Descendez tous !

Du ton que cela a été dit, nous sommes soulagés et c'est la ruée vers l'échelle. En bas, nous trouvons, au milieu de ses seaux de lait, une paysanne au visage ridé, à la bouche édentée ; mais son regard rit, bienveillant.

– J'avais bien vu, à la porte ouverte, que vous étiez passés par là, mais, comme il en passe tous les jours, je n'ai pas fait attention, je vous croyais déjà partis. D'habitude, "ils" s'en vont avant le jour.

Tout cela est dit avec cet accent chantant des Pyrénées qui me ravit. Pour elle, tout est naturel. Soulagés, nous rions de nos frayeurs que nous lui avouons.

– C'est que, *reprend-elle*, il y en a tellement des gars du pays qui s'en vont comme vous. J'ai deux fils déjà partis ; j'ai eu des nouvelles du premier, mais, si jamais vous rencontrez le deuxième *(dont elle nous dit le nom)*, dites-lui qu'il écrive.

Le ton est calme, rien n'apparaît de ses angoisses de maman. Pour nous, les fantasmes de la nuit sont dissipés ; à nouveau, tout est redevenu naturel, normal. Pendant ce temps, les quarts se sont remplis de lait, et nous dégustons, à tour de rôle, ce bon lait chaud, parfumé et crémeux. J'ai même droit à la double ration ! Maintenant que nous sommes rassurés, restaurés, désengourdis, nous abordons les choses sérieuses, c'est-à-dire la route, la direction à suivre, nos chances. Des deux gamins qui, depuis le

Le Mont Perdu

« Mais quel est donc le charme secret de ces déserts ? Quel sentiment involontaire, profond, impérieux, m'arrête dans ces lieux où mes pareils n'ont pas établi leur empire ? Quel penchant irrésistible y ramène sans cesse ma pensée ou mes pas.... »

Ramond de Carbonnières
Voyages au Mont Perdu

Le Mont Perdu
(2e sommet en partant de la gauche)
et le canyon d'Anisclo

Franz Schrader

1844 - 1924

UNE MERVEILLE CÔTÉ SUD : LE CANYON D'ORDESA

Pyrénéiste, explorateur, inventeur, pionnier de la cartographie des Pyrénées, photographe et peintre paysagiste de talent, doté d'une belle plume, le jeune Schrader a dû être effrayé, en ouvrant les yeux, de voir tant de fées se pencher sur son berceau ! Son coup de maître fut, en 1875, la publication de la carte du massif Gavarnie - Mont Perdu au 1/40000e qui démêla l'écheveau géographique que constituait cette région. « *Voici donc enfin dévoilé ce versant mystérieux, cet agencement jadis inextricable de pics et de vallées.* » (Henri Beraldi).

Il a mis au point l'orographe, instrument qui permettait d'obtenir directement sur papier les lignes de paysage à partir des visées d'une lunette. Le 11 août 1878, en compagnie du guide Henri Passet, il réalise la première ascension du Grand Batchimale (3 177 m), rebaptisé par la suite pic Schrader, un des derniers « 3 000 » non encore gravi. Il raconte ici son arrivée dans le grandiose canyon d'Ordesa, au pied sud du Mont Perdu, qu'il fut l'un des premiers à explorer et qui sera classé Parc national dès 1918.

Le canyon d'Ordesa

*« À quoi comparer la teinte des rochers ?
C'est, à la fois, la chair rosée du saumon,
la pulpe d'abricot, la peau d'orange,
la flamme du soleil couchant ou du fer rouge. »*

Le spectacle est prodigieux. Sous les pieds, absolument à pic, huit à neuf cents mètres de vide. En bas, des prairies, des forêts et le torrent d'Ordesa, formant une sorte de jardin immense, d'une grâce indicible.
Vis-à-vis, surgissant du milieu des forêts de sapins, les murailles verticales du Cotatuero et du Salarous qui fuient obliquement vers l'Ouest-Nord-Ouest, où nous reconnaissons les grandes cimes des Monts d'Enfer et du Tendenera.
[...]
Je n'ose décrire la vue en détail, craignant de me faire accuser d'exagération ; mais, à mesure que nous avançons, que la branche inférieure de la vallée se révèle par degrés, que nous voyons les murailles du versant Nord se dégager les unes des autres avec leur merveilleuse harmonie de formes, de teintes, de proportions et de détails exquis, nous sommes envahis par le sentiment d'une sublimité qui dépasse de bien loin tout ce que nous avions attendu. À chaque pas, nous découvrons quelque splendeur nouvelle dans cet immense monument de douze kilomètres que nous sommes les premiers à contempler dans son ensemble. Nous cherchons des rapprochements pour bien fixer l'impression dans notre esprit. À quoi comparer la teinte des rochers ?
C'est, à la fois, la chair rosée du saumon, la pulpe d'abricot, la peau d'orange, la flamme du soleil couchant ou du fer rouge, tout cela mêlé dans un éclat qui semble illuminer les forêts jusqu'au plus profond du gouffre. D'une extrémité à l'autre de la vallée, les couches superposées sur une hauteur de plus de mille mètres gardent leur horizontalité, leur couleur et leur contexture particulière. L'une, très mince, d'un rouge vif, court comme un liseré de sang au sommet des contreforts qui s'élancent en avant des murailles.
Une autre, d'un gris perle, s'allonge en corniche avec une grâce étrange et une persistance incroyable au-dessus des créneaux qu'elle couronne ainsi d'une sorte de glacis finement strié. À mi-hauteur des murailles, une étroite terrasse interrompt les colonnes de rocher, en suit toutes les ondulations, se plie avec une souplesse de serpent autour des golfes et des caps, enveloppe les moindres sinuosités de sa ceinture d'éboulements cendrés, et, dans certains replis, se transforme en escaliers arrondis, sur chaque marche desquels une strie de fleurs d'ajoncs brille comme un filet d'or.

Franz Schrader
Le Cotuatero
Massif du Mont Perdu
Annuaire du Club Alpin Français 1876

Luchon

Luchon et l'Aneto

« Oh ! je n'oublierai jamais les Pyrénées !
C'est là le plus beau pays du monde.
Il m'a semblé en le quittant
que j'abandonnais un pays enchanté, pour retrouver
les plaines nues et uniformes des autres pays,
toutes les tristes réalités de la vie. »

George Sand

Luchon - Vue du Port de Vénasque par Émile-Charles Dameron

Gustave Flaubert

1821 - 1880

À Saint-Bertrand-de-Comminges

Avant de quitter les Pyrénées pour la Provence (voir p.14), l'auteur de *Madame Bovary* fait une escale à Luchon d'où il grimpe au belvédère du Port de Vénasque admirer le massif de la Maladeta et l'Espagne puis au lac d'Oô. Il passe une nuit à Saint-Bertrand-de-Comminges et visite la « cathédrale des Pyrénées » qui abrite les splendides boiseries Renaissance du chœur des chanoines. Il en fait dans son carnet de voyage une description détaillée avec des références historiques et culturelles qui laissent déjà entrevoir le talent du grand écrivain qu'il va devenir. Peut-être s'est-il alors souvenu de la recommandation de son père avant son départ : « *Vois, observe et prends des notes ; ne voyage pas en épicier ni en commis voyageur.* ».

Saint-Bertrand-de-Comminges, les stalles du chœur des chanoines

« Un singe qui a mis le capuchon d'un moine... »

Mais ce qui est maintenant toute l'église et ce qui la constitue réellement, c'est un immense jubé en buis qui renferme à lui seul le chœur et la nef, le prêtre et les fidèles. Ses pans hauts obscurcissent le jour qui tombe des fenêtres romanes ; son maître-autel, plein de fioritures de bois peint, cache la relique du saint qui est relégué derrière, comme dans la coulisse ; sur les parois latérales, à chaque médaillon une tête de chevalier ou de matrone, souvenir antique que le libre caprice du sculpteur a jeté à profusion, plaçant l'art au milieu de la foi, le remplissant et s'en faisant un prétexte. N'est-ce pas l'Antiquité dans le Roman, le XVIe siècle dans le XIe, la Renaissance dans le Moyen Âge ? Partout le bois est sculpté, fouillé, tressé, tant le talent est flexible, tant l'imagination se joue et rit dans les mignardes inventions ; aux culs-de-lampe ce sont des amours suspendus et versant des corbeilles de fleurs sur des seins de femmes qui palpitent, et des ventres de tritons qui rebondissent et dont, plus bas, la queue de poisson s'enlace et se roule sur la colonne. Çà et là c'est une tête de mort, plus loin, une face de cheval, de lion, n'importe quoi pourvu que ce soit quelque chose ; ici un pédagogue qui fesse un écolier pour faire rire quand on passe à côté ; la luxure en femme avec le pied fourchu, et la feuille de chou, un singe qui a mis le capuchon d'un moine, des bateleurs qui s'exercent, et mille choses encore sans gravité et sans pensée ; partout de la complaisance dans les formes, de l'esprit, de l'art et pas autre chose ; pas une tête inspirée qui prie, pas une main tendue vers le ciel, ce n'est pas une église, c'est plutôt un boudoir. Dans un temple, toutes ces miséricordes ouvragées où l'on s'assoit comme dans un fauteuil, et où les belles dames du XVIe siècle laissaient retomber leurs doigts effilés se prélassant sur les détails païens, ces volutes, ces feuilles d'acanthe, ces têtes de mort même, qu'est-ce que tout cela veut dire ? La Renaissance est là entière avec son enthousiasme scientifique et sa prodigalité de formes, et sa décence exquise dans les nudités où elle s'étudie, dans la corruption. Qu'il y a loin de là au pieux cynisme du Moyen Âge ! C'est beau, joli, charmant ; on admire de la tête et non du cœur, enthousiasme frelaté qui s'en va vite ; c'est un musée, un beau morceau d'art qui fait penser à l'histoire, un livre en bois où l'on lit une page du XVIe siècle, pas autre chose.

Gustave Flaubert
Voyage aux Pyrénées et en Corse

Guy de Maupassant

1850 - 1893

LA MALADIE EN EMBUSCADE

Arrivé à Paris de sa Normandie natale à 19 ans, Guy de Maupassant débute sa carrière d'écrivain dans les années 1870, « cornaqué » par Gustave Flaubert, ami de sa mère.
Après le succès de sa nouvelle, *Boule de Suif,* il publie six romans, plus de trois cents nouvelles et quelques récits de voyage qui lui assurent de confortables revenus. Mais malheureusement, la maladie est en embuscade... Il souffre de névralgies sous l'effet du surmenage intellectuel, des excès physiques et des paradis artificiels auxquels il s'adonne sans retenue. Il « court » alors les villégiatures : Plombières-les-Bains, Aix-les-Bains, Gérardmer, Divonne...
Le voyage à Luchon s'inscrit dans cette tournée des stations thermales, comme autant de stations d'un chemin de croix qui va aboutir au martyre final. Atteint de graves troubles neurologiques, de cécité partielle, de pertes de mémoire et de paralysie, il sombre dans la folie à partir de 1891 et décède deux ans plus tard.
Maupassant était arrivé à Luchon début juillet 1891 et les quelques informations que nous avons sur ce séjour proviennent de son valet de chambre : « *Pendant trois jours, nous faisons des excursions, nous visitons les cascades de Juzet, de Montauban, puis la vallée du Lys et la cascade du Cœur ! [...]*
La quatrième journée, mon maître, d'accord avec son médecin, décide de ne pas continuer la cure. Les odeurs de soufre de l'établissement lui portent sur le système nerveux ; s'il s'obstinait à continuer, cela pourrait lui faire le plus grand mal, lui dit ce brave docteur espagnol. Puis, Luchon est si monotone ! C'est un entonnoir où l'on ne respire pas et où l'on ne voit le soleil apparaître au faîte des montagnes qu'à dix heures. »
La lettre que Maupassant envoie au Dr Grancher le 15 juillet 1891 révèle toute sa détresse...

Panorama de Bagnères-de-Luchon, Victor Petit

« C'est une débâcle en ce moment... »

Je quitte Luchon parce que c'est le plus horrible endroit, le plus froid et le plus humide que j'aie jamais vu. J'y perds les yeux. J'y suis perclus de névralgies. Maintenant j'arrive à une autre question. Me voici à mon dixième jour d'insomnie et cela vient uniquement de mes abominables douleurs maxillaires et des écoulements de mes fosses nasales. C'est la vieille dent pourrie qu'on n'a pas voulu arracher qui communique avec le sinus. Elle me fait un mal horrible et détruit l'œil au-dessus d'elle. On ne peut pas souffrir d'une dent plus que je ne souffre de celle-là. Je vais être obligé d'aller voir quelque praticien de Genève. Quant à l'humidité de Luchon, elle est telle que tous nos vêtements semblent toujours trempés d'eau ainsi que nos lits irréchauffables. J'ai cru à Saint-Raphaël mes yeux guéris ; le soleil et la chaleur avaient diminué la pupille gauche. Voilà que la pupille gauche tient tout l'œil et la droite est devenue presque imperceptible. Mais je crois que cette humidité rendant intolérable la douleur de ma dent agit sur mon œil ; et mes crises de mâchoires répétées chaque nuit reparaissent même aussi dans le jour, car cette dent me torture, ont une grande part dans l'état de l'œil. Je vous écris, mais il m'est impossible d'écrire tant cela me fait enfler le ventre instantanément et le rend douloureux. Quel mystère que ce rapport de la pensée et de l'intestin ! Enfin, depuis Luchon, je suis plus malade que je ne l'ai été jusqu'ici, des hallucinations toute la nuit, parfaitement éveillé assis dans mon lit... C'est par l'humidité que Plombières m'a fait tant de mal et par la chaleur et la douche que Tunis, il y a trois ans m'avait rendu les yeux. J'y ai fait en trois mois mon roman Fort comme la mort *après six mois d'impuissance amenés par Etretat, Aix-les-Bains et Gérardmer. J'ai de nouveau des craquements insupportables dans la nuque et dans la tête depuis mon séjour ici. C'est une débâcle en ce moment...*

Guy de Maupassant
Lettre du 15 juillet 1891
au docteur Grancher

« Ce privilège de la fascination, les Pyrénées Centrales, près de Luchon, l'ont au suprême degré. Les Pyrénées Occidentales n'ont rien de comparable à ces géants funèbres et silencieux de granit et de glace, qui se hérissent entre le port d'Oô et la vallée du Lys, dans une immensité de neiges resplendissantes et d'icebergs ; ils dominent de quatre ou cinq cents mètres des lacs céruléens qui ne dégèlent presque jamais, et semblent atteindre les belles et froides régions du ciel où la sérénité est éternelle. Ils sont si blancs qu'on les voit même pendant la nuit, et de très loin par un temps clair ; la lune leur donne alors un air de fantômes. Le brouillard seul peut les voiler. »

Henry Russell
Souvenirs d'un montagnard

Luchon, Superbagnères
et la couronne enneigée des «3000»

Octave Mirbeau

1848 - 1917

UN NEURASTHÉNIQUE EN CURE À LUCHON

Journaliste influent et redouté, écrivain, Octave Mirbeau dresse dans son œuvre un réquisitoire impitoyable contre les inégalités sociales et les travers de son époque. Il fut l'un des dix premiers membres de l'Académie Goncourt, fondée en 1903. Dans *Les 21 Jours d'un neurasthénique* (1901), l'auteur en villégiature dans une ville thermale des Pyrénées jamais citée (en fait, Luchon où Mirbeau a passé un mois en 1897 pour soigner une affection de la gorge) manifeste avec humour et dérision son amertume de se retrouver cerné par les montagnes - qui incarnent pour lui la tristesse absolue - et importuné sans cesse par des hâbleurs insupportables.

Luchon, devant l'établissement thermal, septembre 1901, Eugène Trutat (colorisée)

« Ce que je leur reproche le plus aux Pyrénées, c'est d'être des montagnes ! »

L'été, la mode, ou le soin de sa santé, qui est aussi une mode, veut que l'on voyage. Quand on est un bourgeois cossu, bien obéissant, respectueux des usages mondains, il faut, à une certaine époque de l'année, quitter ses affaires, ses plaisirs, ses bonnes paresses, ses chères intimités, pour aller, sans trop savoir pourquoi, se plonger dans le grand tout. Selon le discret langage des journaux et des personnes distinguées qui les lisent, cela s'appelle un déplacement, terme moins poétique que voyage, et combien plus juste !... Certes, le cœur n'y est pas toujours, à se déplacer, on peut même dire qu'il n'y est presque jamais, mais on doit ce sacrifice à ses amis, à ses ennemis, à ses fournisseurs, à ses domestiques, vis-à-vis desquels il s'agit de tenir un rang prestigieux, car le voyage suppose de l'argent, et l'argent toutes les supériorités sociales.

Donc, je voyage, ce qui m'ennuie prodigieusement, et je voyage dans les Pyrénées, ce qui change en torture particulière l'ennui général que j'ai de voyager. Ce que je leur reproche le plus aux Pyrénées, c'est d'être des montagnes... Or, les montagnes, dont je sens pourtant, aussi bien qu'un autre, la poésie énorme et farouche, symbolisent pour moi tout ce que l'univers peut contenir d'incurable tristesse, de noir découragement, d'atmosphère irrespirable et mortelle... J'admire leurs formes grandioses, et leur changeante lumière... Mais c'est l'âme de cela qui m'épouvante...

Il me semble que les paysages de la mort, ça doit être des montagnes et des montagnes comme celles que j'ai là, sous les yeux, en écrivant. C'est peut-être pour cela que tant de gens les aiment. La particularité de cette ville où je suis tient en ceci, qu'elle n'est pas une ville. En général, une ville se compose de rues, les rues de maisons, les maisons d'habitants. Or, à X..., il n'y a ni rues, ni maisons, ni habitants indigènes, il n'y a que des hôtels... soixante-quinze hôtels, énormes constructions, semblables à des casernes et à des asiles d'aliénés, qui s'allongent les uns les autres, indéfiniment, sur une seule ligne, au fond d'une gorge brumeuse et noire, où toussote et crachote sans cesse, ainsi qu'un petit vieillard bronchiteux, un petit torrent. Ça et là, quelques étalages installés au rez-de-chaussée des hôtels, boutiques de librairies, de cartes postales illustrées, de vues photographiques de cascades, de montagnes et de lacs, assortiments d'alpenstocks et de tout ce qu'il faut aux touristes. Puis, quelques villas, éparpillées sur les pentes... et, au fond d'un trou, l'établissement thermal qui date des Romains... ah ! oui... des Romains !... Et c'est tout. En face de soi, la montagne haute et sombre ; derrière soi, la montagne sombre et haute... À droite, la montagne, au pied de laquelle un lac dort ; à gauche, la montagne toujours, et un autre lac encore... Et pas de ciel... jamais de ciel, au-dessus de soi !

Si la montagne est sinistre, que dire de ces lacs - oh ! ces lacs ! - dont le bleu faux et cruel, qui n'est ni le bleu d'eau, ni le bleu de ciel, ni le bleu de bleu, ne s'accorde avec rien de ce qui les entoure et de ce qu'ils reflètent ?

Mais peut-être pardonnerais-je aux montagnes d'être des montagnes et aux lacs des lacs si, à leur hostilité naturelle, ils n'ajoutaient cette aggravation d'être le prétexte à réunir, dans leurs gorges rocheuses et sur leurs agressives rives, de si insupportables collections de toutes les humanités.
À X..., par exemple, les soixante-quinze hôtels sont surbondés de voyageurs. Et c'est à grand-peine que j'ai pu, enfin, trouver une chambre. Il y a de tout, des Anglais, des Allemands, des Espagnols, des Russes, et même des Français.
Tous ces gens viennent là, non pour soigner leurs foies malades, et leurs estomacs dyspeptiques, et leurs dermatoses... ils viennent là - écoutez bien ceci - pour leur plaisir !... Et du matin au soir, on les voit, par bandes silencieuses ou par files mornes, suivre la ligne des hôtels, se grouper devant les étalages, s'arrêter longtemps à un endroit précis, et braquer d'immenses lorgnettes sur une montagne illustre et neigeuse qu'ils savent être là, et qui est là, en effet, mais qu'on n'aperçoit jamais, sous l'épaisse muraille plafonnante de nuages qui la recouvre éternellement... Tout ce monde est fort laid, de cette laideur particulière aux villes d'eaux. À peine, une fois par jour, au milieu de tous ces masques épais et de tous ces ventres pesants, j'ai la surprise d'un joli visage et d'une svelte allure. Les enfants eux-mêmes ont des airs de petits vieillards. Spectacle désolant, car on se rend compte que partout les clauses bourgeoises sont en décrépitude ; et tout ce qu'on rencontre même les enfants, si pauvrement éclos dans les marais putrides du mariage... c'est déjà du passé !... Hier soir, j'ai dîné sur la terrasse de l'hôtel.
À une table voisine de la mienne, un monsieur causait bruyamment. Il disait :
- Les ascensions ?... Eh bien, quoi, les ascensions... je les ai toutes faites, moi qui vous parle... et sans guide !... Ici, c'est de la blague... Les Pyrénées, ça n'est rien du tout... ça n'est pas des montagnes... En Suisse, à la bonne heure !... Je suis allé trois fois au Mont Blanc... comme dans un fauteuil... en cinq heures. Oui, en cinq heures, mon cher monsieur.
Le cher monsieur ne disait rien, il mangeait, le nez sur son assiette.
L'autre reprenait :
- Je ne vous parle pas du Mont Rose... ni du Mont Bleu... ni du Mont Jaune... ce n'est pas malin... Et tenez, moi qui vous parle, une année, au grand Sarah-Bernhardt, j'ai sauvé trois Anglais perdus dans la neige. Ah ! si j'avais prévu Fachoda.
Il disait encore des choses que je n'entendais pas bien, mais où revenait sans cesse « Moi ! moi ! moi ! ». Puis il invectivait le garçon, renvoyait les plats, discutait sur la marque d'un vin, et, s'adressant de nouveau à son compagnon :
- Allons donc, allons donc !... Moi, j'ai fait plus fort. Moi, j'ai traversé, à la rame, en quatre heures, le lac de Genève, de Territet à Genève... Oui, moi... moi... moi !...
Ai-je besoin de vous dire que ce monsieur était un vrai Français de France ? La musique des Tsiganes m'empêcha d'en entendre davantage, car il y a aussi la musique des Tsiganes... Vous voyez que c'est complet...
Ce matin, comme je sortais de la buvette, j'aperçus mon ami Robert Hagueman. Toilette matinale d'une irréprochable correction, et qui n'étonnait pas les admirables platanes de l'allée, arbres éminemment philosophes, et qui en ont vu bien d'autres, depuis les Romains.
Je feignis, tout d'abord, de m'intéresser passionnément aux manœuvres d'un cantonnier qui, armé d'une casserole, puisait de l'eau dans le ruisseau et la répandait

ensuite à travers l'allée, sous le prétexte fallacieusement municipal de l'arroser… Et même, afin de donner à mon ami le temps de s'éloigner, j'engageai avec le cantonnier une conversation sur l'étrangeté pré-édilitaire de son appareil, mais Robert Hagueman m'avait aperçu, lui aussi.
- Ah ! par exemple ! *fit-il. Il vint à moi, plein d'effusion, et me tendant ses mains gantées de peau blanche :*
- Comment, c'est toi ?…
- Et qu'est-ce que tu fais par ici ?
Il n'y a rien tant que je déteste comme de mettre les gens dans la confidence de mes petites infirmités. Je répondis :
- Mais je viens me promener… Et toi ?
- Oh ! moi ! je viens suivre un traitement… c'est le médecin qui m'envoie ici… je suis un peu démoli, tu comprends…
L'entretien prit, tout de suite, un tour banal. Robert me parla de Paul Deschanel, qu'on attendait pour le lendemain ; du Casino, qui n'était pas brillant cette année ; du tir aux pigeons, qui ne marchait pas… etc.
- Et pas de femmes, mon vieux, pas de femmes !… *conclut-il.*
- Où sont-elles, cette année ?
- On ne sait pas… Sacrée saison, tu sais !…
- Mais tu as la montagne ! *m'écriai-je… dans un enthousiasme ironique*… c'est admirable, ici… c'est le Paradis terrestre. Regarde-moi cette végétation… ces phlox, ces leucanthèmes qui atteignent la hauteur des hêtres… et ces rosiers gigantesques qui semblent avoir été rapportés d'on ne sait quel pays de rêve, dans le chapeau de M. de Jussieu !
- Ah ! que tu es jeune !
Je m'exaltai :
- Et les torrents, et les glaciers… Alors, tout cela ne te dit rien ?…
- Tu m'amuses… *répondit Robert.* Est-ce que vraiment j'ai l'air d'un bonhomme qui donne dans ces bateaux-là ? On ne me monte pas le coup avec les torrents !… Et qu'est-ce qu'elle a d'épatant, la montagne ? C'est le Mont-Valérien, en plus grand, voilà tout, et en moins rigolo…
- Tu aimes mieux la mer, alors ?
- La mer ? Ah ! qu'est-ce que tu dis là ?… Mais, mon petit, depuis quinze ans, tous les étés, je vais à Trouville… Eh bien, je peux me vanter d'une chose, c'est… de ne pas avoir regardé la mer une seule fois… Ça me dégoûte… Ah ! non… Je crois que j'ai autre chose dans la cervelle, que d'aller m'épater à ce que tu appelles les spectacles de la nature…
- J'en ai soupé, tu sais !
- Enfin, tu es venu ici pour ta santé ?
- Suis-tu, au moins, un traitement ?
- Sévèrement… fit Robert… Sans ça !
- Et qu'est-ce que tu fais ?
- Comme traitement ?
- Oui.
- Eh bien, voilà… Je me lève à neuf heures. Promenade dans le parc autour de la buvette… Rencontre de celui-ci et de celle-là… on respire un peu… on raconte qu'on s'embête… on débine les toilettes… Cela me mène jusqu'au déjeuner… Après le déjeuner, partie de poker chez Gaston… À cinq heures, Casino… station autour d'un baccara sans entrain… des pontes de quat' sous, une banque de famille… dîner… re-Casino… Et c'est tout…
Et, le lendemain, ça recommence… Quelquefois un petit intermède avec une Laïs de Toulouse, ou une Phryné de Bordeaux… Oh ! là, là ! mon pauvre vieux !… Eh bien, le croirais-tu ? cette station si vantée, qui guérit toutes les maladies… ça ne me produit aucun effet… Je suis aussi démoli qu'à mon arrivée…
De la blague, ces eaux thermales…

Octave Mirbeau
Les 21 jours d'un neurasthénique

« C'était une matinée à donner aux saints la nostalgie de la terre. »

Henry Russell
Souvenirs d'un montagnard

Parc national d'Aïguestortes (Catalogne)

Edmond Rostand

1868 - 1918

LUCHON À LA FLEUR DE L'ÂGE

Écrivain, poète, auteur de la célèbre pièce *Cyrano de Bergerac* (1897), Edmond Rostand a passé de nombreuses vacances d'été à Luchon où sa famille, marseillaise, venait en villégiature ; son père y avait fait édifier la villa « Julia ». C'est à Luchon que le jeune Edmond découvre son goût pour la littérature et qu'il écrira ses premières œuvres, notamment un recueil de poésie, *Les Musardises* (1890). En 1888, avec un groupe d'amis, ils décorent leur équipage équestre avec des fleurs et passent sur les allées d'Etigny en improvisant une bataille de fleurs, acte fondateur de la Fête des fleurs devenue depuis l'un des temps forts de la saison estivale de la « Reine des Pyrénées ».

Luchon, la villa Julia. À la fenêtre, le père d'Edmond Rostand ; à la table, la mère et une de ses sœurs, Jeanne de Margerie

Pourquoi suis-je, ô mes Pyrénées,
Attiré sans cesse vers vous,
Et, riantes ou ravinées,
Qu'avez-vous pour moi de si doux ?

Lorsque j'arrive de Provence
À travers des champs de maïs,
D'où vient que je sens à l'avance
Votre odeur de gouffre et de lis ?

D'où vient qu'à vingt ans comme à douze
Je suis debout dans le wagon,
Dès qu'on a dépassé Toulouse,
Pour vous chercher à l'horizon ?

Et sitôt qu'au béret d'un pâtre
Je connais que vous approchez,
Quel est ce courant d'air bleuâtre
Qui m'aspire entre vos rochers ?

Où donc est-elle cette force
A quoi je sens que j'obéis ?
Dans quelle fleur ? Sous quelle écorce ?
D'où vient que j'aime ce pays ?
...

Edmond Rostand
Pyrénées (Les Musardises)

Luchon, ville des eaux courantes,
Où mon enfance avait son toit,
L'amour des choses transparentes
Me vient évidemment de toi !

Ton nom seul plein de bulles blanches,
Fait pour moi des ruisseaux couler
Sous des passerelles de planches
Que mon pied soudain sent trembler !

Où voit-on les bergeronnettes,
qui s'y connaissent en ruisseaux,
Longer plus d'eaux vives et nettes
Sous de plus verdoyants arceaux ?

Où voit-on s'offrir une vasque
A chaque tournant du chemin
Pour qu'on puisse tenir Vénasque
Dans le creux glacé de sa main ?

Ce Vénasque au chapeau de brume
Ne cesse pas de faire au val
Des générosités d'écume
Et des largesses de cristal !
...

Edmond Rostand
Luchon (Les Musardises)

François Mauriac

1885 - 1970

NŒUD DE VIPÈRES SUR LES ALLÉES D'ÉTIGNY

François Mauriac est un écrivain français, académicien, prix Nobel de littérature en 1952. C'est dans le Luchon de la fin du XIXe siècle, station thermale mondaine où se donnaient rendez-vous les familles de la haute bourgeoisie provinciale, que se noue l'écheveau de son roman *Le Nœud de vipères* (1932). Il s'agit d'une confession épistolaire, sorte d'introspection qui recouvre quarante ans de sa vie, dans laquelle Louis exprime toute sa rancœur et sa haine vis-à-vis de son épouse Isa et de toute la famille qui n'attend plus que sa mort pour s'emparer de sa fortune amassée pendant sa brillante carrière d'avocat. Louis et Isa, la fille des Fondaudège, riches négociants bordelais, s'étaient rencontrés dans l'hôtel des allées d'Etigny où les deux familles - l'une, possédante, l'autre enrichie par le commerce et les affaires - venaient en villégiature.

François Mauriac et les Pyrénées, 1933

« L'eau de la montagne ruisselait jusque dans les rues. Des petits marchands criaient les croissants et les pains au lait. Des guides passaient à cheval, je regardais partir les cavalcades. »

J'étais à Luchon, avec ma mère, en août 83. L'hôtel Sacaron de ce temps-là était plein de meubles rembourrés, de poufs, d'isards empaillés. Les tilleuls des allées d'Étigny, c'est toujours leur odeur que je sens, après tant d'années, quand les tilleuls fleurissent. Le trot menu des ânes, les sonnailles, les claquements de fouets m'éveillaient le matin. L'eau de la montagne ruisselait jusque dans les rues. Des petits marchands criaient les croissants et les pains au lait. Des guides passaient à cheval, je regardais partir les cavalcades.
Tout le premier était habité par les Fondaudège. Ils occupaient l'appartement du roi Léopold. « Fallait-il qu'ils fussent dépensiers, ces gens-là ! » *disait ma mère. Car cela ne les empêchait pas d'être toujours en retard quand il s'agissait de payer. (Ils avaient loué les vastes terrains que nous possédions aux docks, pour entreposer des marchandises.)*
Nous dînions à la table d'hôte ; mais vous, les Fondaudège, près des fenêtres : ta grand-mère, obèse, qui cachait un crâne chauve sous des dentelles noires où tremblait du jais. Je croyais toujours qu'elle me souriait : mais c'était la forme de ses yeux minuscules et la fente démesurée de sa bouche qui donnait cette illusion. Une religieuse la servait, figure bouffie, bilieuse, enveloppée de linges empesés. Ta mère… comme elle était belle ! Vêtue de noir, toujours en deuil de ses deux enfants perdus. Ce fut elle, et non toi, que d'abord j'admirais à la dérobée. La nudité de son cou, de ses bras et de ses mains me troublait. Elle ne portait aucun bijou. J'imaginais des défis stendhaliens et me donnais jusqu'au soir pour lui adresser la parole ou lui glisser une lettre. Pour toi, je te remarquais à peine. Je croyais que les jeunes filles ne m'intéressaient pas. Tu avais d'ailleurs cette insolence de ne jamais regarder les autres, qui était une façon de les supprimer.
Un jour, comme je revenais du Casino, je surpris ma mère en conversation avec Mme Fondaudège, obséquieuse, trop aimable, comme quelqu'un qui désespère de s'abaisser au niveau de son interlocuteur. Au contraire, maman parlait fort : c'était un locataire qu'elle tenait entre ses pattes et les Fondaudège n'étaient rien de plus à ses yeux que des payeurs négligents. Paysanne, terrienne, elle se méfiait du négoce et de ces fragiles fortunes sans cesse menacées. Je l'interrompis comme elle disait : « Bien sûr, j'ai confiance en la signature de M. Fondaudège, mais… »

François Mauriac
Le Nœud de vipères

À l'assaut de l'Aneto

« *Enfin nous posâmes le pied sur le pic jusque-là vierge du pas de l'homme.* »

Albert de Franqueville
Voyage à la Maladeta

Lever de soleil sur le massif de la Maladeta avec, à gauche, l'Aneto (3 404 m)
Edward Whymper, gravure

Colomb de la Maladeta.
À peine arrivés sur le sommet du pic de Néthou, les guides commencèrent à ramasser des fragments et à dresser une pyramide, comme pour prendre possession du lieu.
Ils l'élevèrent assez haut pour qu'on pût l'apercevoir du port de Benasque, et qu'elle servît ainsi à constater l'heureux succès de notre ascension.
Le sommet du Pic du Néthou est une plateforme d'une trentaine de mètres de longueur, sur six à huit mètres de largeur. Ce plateau est entièrement couvert de fragments de granit de diverses formes et de grosseurs très variées. De tous côtés, excepté celui de la rampe par laquelle nous étions arrivés, s'ouvrent d'effroyables précipices. À l'ouest, le glacier de Coroné développe jusqu'au lac son tapis éblouissant. Au sud, se creusent sous nos pieds la gorge sauvage de Malibierne et ses profonds escarpements. Au nord et à l'est, s'étend le glacier de Néthou, presque partout couvert de neige et ne montrant qu'en quelques endroits son dos bleuâtre et fendillé.
La partie supérieure de ce glacier est fort peu rapide, mais un peu plus bas il se recourbe en forme de dôme, et son inclinaison devient alors excessive. Cet endroit est sillonné de profondes crevasses. Quelques-unes sont d'épouvantables abîmes, qui engloutiraient infailliblement celui qui se hasarderait sur ces pentes dangereuses. Il y a de ces crevasses qui n'ont pas moins de 8 à 10 mètres de largeur, et une immense profondeur.
Au fond de quelques-unes grondent des torrents furieux, alimentés par la fonte du glacier. Les crevasses les plus considérables ont ordinairement une direction parallèle à celle de la crête de la montagne. Les autres sont moins grandes, et méritent plutôt le nom de fissures. Comme nous l'avaient annoncé nos guides, le brouillard s'était dissipé, et nous pouvions jouir sans obstacle de la magnificence de l'horizon que l'on embrasse du haut de la Maladeta.
Au premier coup d'œil on ne saisit qu'un immense chaos, du milieu duquel s'élancent les cimes les plus élevées des plus hautes montagnes de la chaîne ; mais bientôt un examen plus attentif fait découvrir un ordre admirable jusque dans ce désordre apparent.
L'on distingue d'abord le faîte de la chaîne centrale qui court de l'est à l'ouest, toute déchiquetée et hérissée de mille pics. De cette crête se détachent de nombreux rameaux formant ces longues vallées transversales qui portent d'un côté à la Garonne, de l'autre à l'Ebre, le tribut des eaux de ces montagnes et de leurs glaciers. À mesure qu'ils s'éloignent du centre des Pyrénées, les chaînons qui séparent ces vallées s'abaissent. Dans un immense lointain se développent à nos yeux les plaines de la Gascogne et de la Catalogne, où brillent, comme autant de rubans d'argent, les eaux des rivières qui arrosent et fertilisent ces belles provinces. Nous restâmes plus d'une heure à admirer ce superbe point de vue. Il fallut ensuite songer au retour, et regagner avant la nuit des contrées moins inhospitalières. Néanmoins, avant d'abandonner définitivement le pic de Néthou, nous voulûmes constater d'une manière irrécusable nos droits à la priorité de cette ascension. Dans un creux qu'avaient ménagé nos guides dans la pyramide qu'ils avaient élevée, nous déposâmes une bouteille bouchée avec soin. Nous y avions renfermé une feuille de parchemin contenant la date de notre expédition, nos noms, et ceux de nos braves guides. Nous jetâmes ensuite un dernier regard autour de nous, et nous repassâmes sans encombre la rampe étroite qui nous avait amenés au sommet du pic.
Quand nous fûmes arrivés près du glacier, nous délibérâmes sur la voie que nous suivrions pour regagner la Rencluse où nous devions passer encore cette nuit…

Albert de Franqueville
Voyage à la Maladeta

Le Trou du Toro, le glacier et le sommet de l'Aneto

De l'Ariège à la Méditerranée

Automne en Couserans

« Nous vivons dans une maison solitaire, au sommet d'un coteau. Tout récemment encore, on l'atteignait par un chemin de terre que la moindre pluie rendait impraticable. Devant nous, d'autres coteaux, revêtus de champs et de bois, s'en vont jusqu'aux montagnes. Certains jours, les Pyrénées sortent du ciel et se font voir, massives et dentelées comme dans un cours de géographie. »

Kléber Haedens
L'air du pays

Julien Gracq

1910 - 2007

LE CHÂTEAU DE MONTSÉGUR

Julien Gracq a exercé toute sa vie une double activité d'enseignant (professeur d'histoire et géographie sous son nom patronymique, Louis Poirier) et d'écrivain. Il obtint le prix Goncourt en 1951 avec *Le Rivage des Syrtes*. Ses descriptions méticuleuses de la France qu'il a sillonnée dans tous les sens sont de véritables tableaux pointillistes où les mots choisis, précieux, parfois inventés, remplaceraient la palette infinie du peintre : c'est dans *Lettrines* ou *Carnets du grand chemin* que s'exprime le mieux ce talent de « paysagiste » exceptionnel.

Le château de Montségur, dernier bastion cathare, lui apparut un triste jour d'hiver et le Champ des Brûlés, où furent livrés aux flammes les derniers survivants de la garnison, évoqua alors pour lui une scène digne du Jugement Dernier.

Château de Montségur

« … nulle autre cime n'a cette forme singulière,
cette extrusion violente au-dessus
de la casse pierreuse qui la désigne,
ce mouvement d'éveil immobile d'un guetteur. »

Montségur

Quand j'y passai, le paysage était ruisselant, les montagnes cachées derrière des écharpes de pluie. Sur le chemin désert du col du Tremblement, à un détour, la première et saisissante apparition du pog, dans une lumière d'éclaircie.
Dans le paysage verdoyant qu'il crève, sa façon étrange de se projeter comme par extrusion, à la manière d'un piton de basalte : un lieu marqué, une autre matière. La pierre dans le contre-jour mouillé avait le luisant armé, huilé de neige fondue, des escarpements qui pointent au-dessus d'un glacier. La manière qu'a la ruine de sommer parfaitement le roc qui l'épaule à gauche et à droite fortement. Entre les dix ou douze montagnes qui l'entourent et le dépassent, ce sommet est habité : nulle autre cime n'a cette forme singulière, cette extrusion violente au-dessus de la casse pierreuse qui la désigne, ce mouvement d'éveil immobile d'un guetteur.
De la route, on monte à travers un pré fraîchement fauché, puis la piste est une écorchure caillouteuse entre les broussailles gorgées d'eau et le roc - blanchâtre quand on le voit de près - gris-bleu le long des cassures fraîches. Montée qui se fait de plus en plus raide en approchant du sommet. En face, au flanc de la montagne surplombante, on voit alors l'emplacement du camp des Croisés. Entre les deux, dans l'aisselle de la pente, près de la route, une prairie mollement pliée : le champ des Cramats, où on brûla les deux cents survivants de la garnison. Rien d'autre ; les voiles de pluie noyaient les fonds autour de ce champ clos. Il y a dans ce diptyque, large ouvert au long de la charnière de la route, une espèce d'évidence fantomatique, un vis-à-vis d'éternité : droite et gauche sont ici droite et gauche du Jugement.

Julien Gracq
Lettrines

Michel Roquebert

1928 - 2020

LES CITADELLES DU VERTIGE

Professeur de philosophie, écrivain, journaliste à *La Dépêche du Midi*, Michel Roquebert, spécialiste de l'histoire médiévale, a publié en 1966 un premier ouvrage sur les châteaux forts du pays cathare, *Citadelles du Vertige* ; cet ouvrage, fruit d'une remarquable collaboration artistique et d'une convergence de vision avec le photographe Christian Soula, connut un immense succès populaire qui donna envie à l'Occitanie de se replonger dans ses propres racines. Ce sont ensuite les cinq volumes de *L'Épopée cathare*, somme imposante de recherches sur l'histoire du catharisme, qui obtint le Grand Prix d'Histoire de l'Académie française. Par ses travaux, sa persévérance et un réel talent d'écriture, Michel Roquebert a contribué à exhumer cette cruelle chanson de geste enfouie dans les sous-sols de notre Histoire et à la remettre au premier plan de notre patrimoine culturel.

L'engouement suscité par cette révélation fut à la mesure de l'ampleur du travail fourni par celui qui a tiré de l'oubli « les sarcophages du souvenir. »

Château de Quéribus

« Et puis, dressés sur le bleu du ciel, tout en haut des socles que la nature a façonnés de ses doigts de géant pour ceux-là qui n'étaient que des hommes, les sarcophages du souvenir. »

Juchés sur des crêtes, des éperons ou des pitons rocheux, dominant des surplombs, des falaises, des gouffres – parfois balcons aux grilles de nuées ouverts sur des plaines entières – dressés aux confins du ciel, chauffés à blanc par les étés, craquant de gel, battus du cers et de l'autan, solitaires, fantomatiques, orgueilleux, repliés sur les lambeaux de leurs murailles monstrueuses, ils défient l'espace et bravent les siècles. Nids d'aigles ou cités fortifiées, ils profilent leurs corps déchiquetés sur le ciel de la Montagne Noire, des Corbières ou de l'Ariège. Ils épousent si bien la roche qui leur prêta sa couleur et son grain qu'on les prend souvent pour des accidents de la nature, quand ils furent des nécessités de l'histoire.
Mais c'est aujourd'hui le point où cette histoire réintègre la terre, et se fait paysage. C'est l'endroit où les actions, les amours et les haines qui ont jadis habité tout cela, ne sont plus qu'un grand livre immobile auquel s'arrachent, l'une après l'autre, des pages de grès, de calcaire ou de schiste. Des forêts opaques du pays de Foix jusqu'à la vallée nue du Roussillon, des courbes douces du Chercorb aux dents de scie de Quéribus et de Lastours, des gorges du Termenès aux causses du Minervois, cette géographie parsemée de décombres est plus qu'un itinéraire de sites pittoresques : le cadastre d'une tragédie. Car ici toute une geste s'est inscrite en creux. Ici, le temps s'est fossilisé. […]
Les monstrueuses carapaces de Montségur et de Quéribus, de Peyrepertuse et de Termes, expriment moins une force vraie, qu'une sorte de terreur sacrée, très troublante et très naïve. Ce sont autant d'images du terrier de Kafka. Terriers absurdes, illusoires. On cherche à prendre au piège aujourd'hui, dans leurs ruines, les ombres de ceux qui y vécurent, l'épée à la main, cette téméraire épopée de la peur métaphysique : Pierre-Roger de Cabaret, Guillaume de Minerve, Raymond de Termes, Guillaume de Peyrepertuse, Pierre de Fenouillet, Chabert de Barbéra, Raymond de Péreilhe. Pour une cause étrange, tissée d'invisible autant que de réalité, ils ont connu mille angoisses et enduré mille maux. De cette histoire et de ces guerriers fous, il ne reste plus qu'une chanson de geste dont les mots sont de pierre, dont la musique est faite de lumière, d'odeurs et de vent. Et puis, dressés sur le bleu du ciel, tout en haut des socles que la nature a façonnés de ses doigts de géant pour ceux-là qui n'étaient que des hommes, les sarcophages du souvenir.

Michel Roquebert
Citadelles du Vertige

Marc Levy

1961

LES CHEMINS DE LA LIBERTÉ EN COUSERANS

Marc Levy a débuté sa carrière en 2000 avec le roman *Et si c'était vrai* qui l'a fait accéder aussitôt à la célébrité. Ecrivain prolifique, il a publié depuis avec succès une vingtaine de livres qui en font l'un des auteurs francophones les plus lus. Dans ce passage tiré de *La dernière des Stanfield* (2017), il évoque les évasions clandestines vers l'Espagne par les cols des Pyrénées pendant l'Occupation dont son père, grand résistant, lui a sûrement parlé. En Ariège, la région du Couserans, les vallées d'Aulus et de Seix furent des hauts lieux de ces chemins de traverse vers la liberté.

Près de Seix, en Couserans, lever de soleil sur le massif du Valier

« Mme Broué était bien plus qu'une honnête aubergiste. Depuis le début de la guerre, elle en avait caché des évadés qui attendaient un passeur. »

Ils arrivèrent à Seix aux premières heures du matin, après une longue marche. Hanna repéra une pension de famille.

- Tu as de l'argent ? *demanda-t-elle.*

- Non.

Elle souleva la jambe de son pantalon, découvrant une bandelette qui entourait son mollet.

- Tu es blessée ?

- Papa était un homme prévoyant.

Elle souleva la bandelette et tendit deux billets de cent francs à Robert.

- Prends-les et va demander s'ils ont une chambre.

- Avec mon accent, tu ne crois pas que c'est risqué ?

- Si c'est une femme qui parle pour son mari, je crains que le risque ne soit encore plus grand, mais tu as peut-être raison. Alors nous n'avons plus qu'à nous jeter ensemble dans la gueule du loup en espérant cette fois que nous tomberons sur des gens honnêtes.

Mme Broué était bien plus qu'une honnête aubergiste. Depuis le début de la guerre, elle en avait caché des évadés qui attendaient un passeur. Elle hébergeait tous ceux qui se présentaient chez elle. Lorsque Hanna et Robert entrèrent dans son auberge, avec leurs mines défaites et une besace pour tout bagage, il lui suffit d'un regard pour deviner leur situation. Elle ne leur posa aucune question, prit une clé au tableau et les conduisit à l'étage. Elle leur ouvrit la porte d'une chambre, où se trouvaient un grand lit et un lavabo.

« Les toilettes et la douche sont au bout du palier. Vous devriez en profiter maintenant, vous en avez tous les deux grand besoin. Les prochains jours, évitez de vous promener dans les couloirs le matin avant neuf heures et ne descendez jamais en fin d'après-midi.
Si vous m'entendez tousser derrière mon comptoir, remontez dans vos appartements.
Les repas sont servis à midi et à dix-neuf heures trente. »

« Je vais vous régler quelques jours d'avance, *proposa Hanna.* En demi-pension, nous nous abstiendrons de dîner. »

« Vous déjeunerez et vous dînerez. Quand vous franchirez les montagnes, vous n'aurez pas d'autre choix que de jeûner, alors d'ici là, nourrissez-vous bien. Et pour l'argent, nous verrons cela plus tard. »

Marc Levy
La dernière des Stanfield

Le Canigou

« La plaine n'avait encore reçu aucun rayon de soleil lorsque tout-à-coup le Canigou reçut sur son front une teinte rose qui, se mariant à la blancheur des neiges, produisit une nuance d'une inexprimable douceur. Cette bande lumineuse s'agrandissant par l'élévation progressive du soleil, le pic supérieur semblait croître à mesure qu'il s'éclairait. Bientôt le mont tout entier fut inondé de lumière et de pourpre ; alors toutes ses formes, cachées dans l'obscurité se dessinèrent à la fois, toutes ses saillies ressortirent, toutes ses profondeurs semblèrent s'enfoncer encore et il parut acquérir une réalité qu'il n'avait pas. Le froid, le vent, la rapidité de la course ajoutaient à l'effet de ce grand spectacle ; le mouvement surtout le rendait enivrant... »

Adolphe Thiers
Les Pyrénées et le Midi de la France pendant les mois de novembre et décembre 1822

George Sand

1804 - 1876

DÉPART AVEC CHOPIN POUR MAJORQUE

Fin octobre 1838, George Sand va revoir ses chères Pyrénées, treize ans après le premier séjour à Cauterets où elle était tombée amoureuse des montagnes et... d'un jeune magistrat bordelais Aurélien de Sèze. Elle a un nouvel amant, un pianiste polonais du nom de Frédéric Chopin qu'elle a convaincu de passer l'hiver loin de Paris car leur liaison, jusqu'ici clandestine, est maintenant connue et l'objet de médisances. La famille du jeune Frédéric veut l'éloigner de cette écrivaine plus âgée que lui qui se fait remarquer par ses extravagances, vient de divorcer et prône l'émancipation des femmes. Sur les conseils de son amie la comtesse Marliani, épouse du consul d'Espagne à Paris, le choix se porte sur les Baléares dont le climat sera bénéfique pour la santé de Maurice, le fils de l'écrivaine, et bien sûr, de Frédéric qui souffre de tuberculose. Pour ne pas éveiller les soupçons, on décide de quitter Paris séparément, le rendez-vous est fixé à Perpignan : George et ses enfants, Solange et Maurice, partent d'abord ; Chopin les rejoint quatre jours plus tard. Puis la petite famille part en bateau de Port-Vendres pour Barcelone puis Palma de Majorque (7 novembre) et enfin la chartreuse de Valldemossa. Mais la réputation de George l'a précédée sur l'île et ils sont rejetés par la population qui fait tout pour entraver leur installation ; de plus, Chopin tombe malade et le piano tant attendu n'arrivera que fin janvier. Le séjour se termine brusquement avec l'aggravation de l'état de santé de Frédéric ; il faut vite regagner la France (13 février 1839).

C'est de Port-Vendres, en attendant le bateau pour Barcelone, que George Sand avait envoyé cette lettre à son amie la comtesse Marliani.

Baie de Paulilles et Port-Vendres, Rémy Peyranne

« Chopin est arrivé hier soir à Perpignan, frais comme une rose et rose comme un navet. »

Chère Bonne,

Je quitte la France dans deux heures. Je vous écris du bord de la mer la plus bleue, la plus pure, la plus unie ; on dirait une mer de Grèce, ou un lac de Suisse par le plus beau jour. Nous nous portons bien tous. Chopin est arrivé hier soir à Perpignan, frais comme une rose et rose comme un navet ; bien portant d'ailleurs, ayant supporté héroïquement ses quatre nuits de malle-poste. Quant à nous, nous avons voyagé lentement, paisiblement, et entourés à toutes les stations de nos amis, qui nous ont comblés de soins. M. Ferraris, sur la recommandation de Madrid, a été très aimable pour moi, et m'a paru être un excellent homme, absolument dans la même position que Manoël. Repoussé à Venise et à Trieste par le gouvernement autrichien, il attend sa destitution philosophiquement ; car, à Perpignan, il s'ennuie à avaler sa langue. Il a gardé un très doux souvenir de votre mari, et a appris de moi avec joie qu'il est heureux dans son ménage et amoureux de sa femme. Vous avez dû recevoir de mes nouvelles de Nîmes et un panier de raisins. Je n'ai rien reçu de vous, et je serais inquiète si je n'avais de vos nouvelles par Chopin.

Notre navigation s'annonce sous les plus heureux auspices, comme on dit : le ciel est superbe, nous avons chaud et nous voudrions, pour être tout à fait contents de notre voyage, que vous fussiez avec nous.
Adieu, chère ; mille tendresses à Marliani, poignées de main bien affectueuses à Enrico. Rappelez-moi à tous nos bons amis et donnez-leur de mes nouvelles.
Je passerai huit jours à Barcelone.

Port-Vendres, 1er novembre 1838

George Sand
Lettre à Charlotte Marliani

Kurt Tucholsky

1890 - 1935

RANDONNÉE AU CANIGOU

Kurt Tucholsky est un brillant journaliste allemand, écrivain poète et critique littéraire de l'entre-deux-guerres. Son œuvre prolifique et sa plume acerbe en firent l'un des auteurs les plus lus et appréciés des années 1920. Pacifiste et antinationaliste, il dénonça dans les journaux et revues auxquels il collaborait la montée du nationalisme et les tendances revanchardes et militaristes de son peuple.

Dans ces années qui suivirent la Grande Guerre, en plein traumatisme de la défaite et de l'humiliation, son statut social et le grand écho de ses prises de position focalisèrent sur lui la haine des mouvements nationalistes naissants qui allaient rapidement se ranger derrière Hitler, puis aboutir à la création du Troisième Reich. Ses livres furent brûlés lors des grands autodafés de mai 1933 avec ceux de Bertolt Brecht et Sigmund Freud.

En 1924, Tucholsky s'exile à Paris et devient correspondant de plusieurs journaux allemands ; il est séduit par l'ambiance et le bouillonnement culturel des Années folles dans la capitale française. Le journaliste est persuadé que ses publications vont contribuer à normaliser les rapports entre les deux pays, mais rien de tout cela ne se produira. « *J'ai eu du succès mais je n'ai pas eu d'influence* » dira-t-il à la fin de sa vie. Rongé par le désespoir, déchu de la nationalité allemande, il s'exila en Suède en 1930 où il mit fin à ses jours quelques années plus tard.

Pendant son séjour en France, en 1925, Tucholsky avait entrepris un voyage vers les Pyrénées, visitant les grands sites naturels, et les villes de piémont. Il en fera le récit dans un livre publié en 1927 en Allemagne sous le titre *Ein Pyrenäenbuch* (*Un livre des Pyrénées*) constamment réédité après-guerre. Vers la fin de ce périple dans les Pyrénées, depuis Vernet-les-Bains, il avait fait l'ascension du Canigou qu'il nous relate ici.

Le Canigou et les orgues d'Ille-sur-Têt

« Les petits veaux me fuyaient, mais je liai conversation avec leurs pères, de solides gaillards... »

A une demi-heure de marche de Villefranche, en pleine montagne, se trouve Vernet-les-Bains. Nous traversons Corneilla. Le village possède une très vieille église où l'on trouve, posées dans un coin sans la moindre précaution, de belles statues de la Vierge. C'est de Vernet que l'on grimpe au Canigou.
Je fis là une marche au milieu des montagnes, comme dans un livre d'images.
Le veilleur ouvre l'hôtel de bonne heure ; dans mon sac à dos, j'ai mon petit déjeuner, car je ne sais pas quand je redescendrai. Au bout de huit heures à peine, je suis en haut. On m'avait promis que je verrai la mer depuis le sommet, mais tout le pays était voilé de nuages. Ce n'était d'ailleurs pas mon véritable but. La montée était bien plus belle que l'arrivée au sommet. En chemin, je trouvai de longues herbes qui avaient un goût tout spécial - on ne saurait marcher sans brin d'herbe dans la bouche. Je me trouvai aussi un troupeau de bêtes à cornes, vaches et bœufs, portant des clochettes à leur cou. Les petits veaux me fuyaient, mais je liai conversation avec leurs pères, de solides gaillards, et nous nous mîmes d'accord pour ne pas nous faire de mal. Le chemin était fermé par une palissade pour que les bœufs ne descendent pas trop tôt dans la vallée, mais tous voulaient venir avec moi et il me suivirent longtemps des yeux. En chemin, je rencontrai trois sources, chacune plus fraîche que l'autre. Je remplis ma bouteille thermos à la plus haute d'entre elles et redescendis dans la vallée, je pus boire encore une eau bien glacée. J'étais seul, aussi chantai-je de belles chansons, et entre autres une chanson de soldats que j'avais apprise dans un véritable livre de guerre, intitulé Gaspard.

Paraît que la cantinière
A de tous les côtés,
Par devant, par derrière,
Des tas de grains d'beauté.
Elle en a des pieds jusqu'aux seins ;
On raconte un tas de machins...
Vous n'y qui qui
Vous n'y com com
Vous n'y comprenez rien !

Et tous les arbustes de crier : « Encore *» en me voyant passer. Alors je chantai encore et encore. En bas de petites villes s'étalaient dans la vallée, et Prades et le chemin de fer. Et comme je savais que c'était ma dernière excursion dans les Pyrénées, je savourais mon bonheur par tous les chemins et buvais mon eau glacée - peu s'en fallut que je ne casse ma canne. J'étais très heureux.*

Kurt Tucholsky
Un livre des Pyrénées

Rudyard Kipling

1865 - 1936

HOMMAGE AU CANIGOU

L'auteur du *Livre de la jungle* et du célébrissime poème *If* (*Si tu peux voir détruit l'ouvrage de ta vie... Tu seras un homme, mon fils*) est l'un des écrivains les plus populaires de langue anglaise, plus jeune auteur à avoir reçu le prix Nobel de littérature (en 1907). Kipling a séjourné à Vernet-les-Bains à quatre reprises (1911, 1912, 1914 et 1926) et y a rédigé plusieurs lettres et un conte, *Why Snow Falls at Vernet*. Pendant ses séjours au pied du Canigou, il a fréquenté les personnalités locales. À Georges Auriol, l'un des responsables du Club Alpin Français, qui l'avait sollicité pour qu'il fasse part de ses sentiments sur la région, Kipling envoie cette lettre.

Vernet-les-Bains et le Canigou,
Affiche P. Commarmond

*« Mais je trouvai le Canigou,
je découvris en lui la montagne enchanteresse
entre toutes, et je me soumis à son pouvoir. »*

Cher Monsieur Auriol,

Laissez-moi vous remercier cordialement des si aimables souhaits de bienvenue que vous m'adressez à mon retour au Royaume du Canigou. Vous me faites l'honneur de me demander mes impressions sur votre pays. Cela me prendrait beaucoup de temps à écrire, et, en fin de compte, je craindrais de ne pas traiter le sujet comme il le mérite.
On ne peut, en deux courtes visites, bien voir un nouveau pays, encore moins en comprendre la nature et la vie. J'avoue que, l'an passé, je ne vins rien chercher ici de plus qu'un petit rayon de soleil.
Mais je trouvai le Canigou, je découvris en lui la montagne enchanteresse entre toutes, et je me soumis à son pouvoir.
D'abord, il sut reproduire pour moi, selon la rêverie ou le désir du moment, tantôt un pic des Himalayas, tantôt la silhouette de certaines collines de l'Afrique du Sud qui me sont chères, me transportant, par exemple, dans la chaleur immobile et l'odeur inoubliable des pins, derrière ma maison, au pied de la Montagne de la Table, au moment où je m'attendais à entendre, sur ses pentes supérieures, les cors de quelque temple hindou.
Mais, cette année, le Canigou a pris pour moi sa véritable place dans mon esprit et dans mon cœur, et je le contemple avec admiration et ravissement. Rien de ce qu'il pourrait faire ou créer ne saurait maintenant me surprendre, soit que je rencontrasse Don Quichotte lui-même venant à cheval du côté de l'Espagne, ou tous les chevaliers de l'ancienne France abreuvant leurs coursiers à ses torrents, soit que je visse (ce qui, à chaque crépuscule, semble parfaitement possible) des gnômes et des kobbolds s'échappant en essaims des mines et des tunnels qui s'ouvrent sur ses flancs.
Voilà la raison, mon cher Monsieur Auriol, pour laquelle j'ose m'inscrire au nombre des loyaux sujets du Canigou.
Très sincèrement à vous.

Rudyard Kipling
Hôtel du Parc
Vernet-les-Bains
27 février 1911

Antoine de Saint-Exupéry

1900 - 1944

ATTERRISSAGE FORCÉ À PERPIGNAN

En octobre 1926, Antoine de Saint-Exupéry est embauché à la compagnie d'aviation Latécoère, future Aéropostale, qui assure le transport du courrier de Toulouse vers le Maroc et le Sénégal. À Toulouse, il fait la connaissance des pilotes Mermoz et Guillaumet et se nouera là une amitié indéfectible ; il créera bientôt avec eux de nouvelles lignes aériennes en Amérique du Sud qui contribueront à la glorieuse épopée de l'Aéropostale. Au début, Antoine est mécanicien, il se familiarise avec le Bréguet 14 sur lequel il va voler ; il est soumis à une discipline de fer et une rigueur qui vont à l'encontre de sa nonchalance naturelle mais cela lui sauvera la vie plus tard. Pour l'instant, il réceptionne les nouveaux avions et fait quelques vols d'essais ; au cours de l'un d'eux, il doit se poser à Perpignan pour effectuer une réparation et en profite pour envoyer cette lettre à son amie « Rinette » (Renée de Saussine), à qui il fait part de ses états d'âme et de son spleen, loin de Paris et de sa bande d'amis. Mais Rinette ne répond que rarement à ses lettres et il s'ennuie à Perpignan.

L'étang de Bages et la neige rose du Canigou

« Toute la neige des Pyrénées d'en haut était rose... »

Rinette, comme vous êtes peu gentille pour moi. Je ne vous écrirai plus jamais parce que je n'aime pas la déception de chaque courrier. Pour vous cela n'a pas d'importance mais je suis tout seul ici et fais mon plaisir de petites choses.
Et puis vous refusez des lettres qui soient une conversation. Et moi les lettres de politesse tous les trois mois cela m'ennuie. Vous vous dites « Mon Dieu ! Encore une lettre à laquelle répondre ». Alors ce n'est pas la peine. Et puis peut-être cela vous agace en quelque chose : les gens sont si compliqués. [...]
Je suis en panne à Perpignan. Je rentre demain à Toulouse. Perpignan est ce soir absolument lugubre. Je me suis baladé dans de petites rues qui montent. Elles étaient peuplées de merceries. Je ne connais rien de plus triste que les merceries. Les mercières débitent pour trois sous de fil, deux sous d'aiguilles, elles n'ont aucun espoir d'Hispano. Et celles qui s'y alimentent passent leur vie contre le rideau des fenêtres. Un rideau en dentelles. Et il y a dans leur chambre une garniture de cheminée plus éternelle qu'un geôlier. Et toute leur vie est faite d'habitudes. C'est une telle prison. J'ai tellement peur des habitudes. Mais bien sûr qu'elles réchauffent un peu et j'en manque trop. Je couche demain à Toulouse, après-demain à Alicante et ne me reconnais jamais. Le comble du bonheur c'est d'être un brave type idiot, qui revient de la chasse et se frotte les mains devant le feu en disant « Bigre ». Et met un quart d'heure à bourrer sa pipe. C'est encore mieux que d'être gigolo. J'ai découvert cela ce soir.
Toute la neige des Pyrénées d'en haut était rose. Les étangs de Narbonne au loin aussi. Vous imaginez-vous ? Moteur au ralenti je me laissais couler vers Perpignan qui était bleu. C'était adorable. Mais c'est si pompier à décrire. Vous n'imaginez pas la douceur d'une descente quand on n'a plus à craindre ni la panne, ni la brume, ni ces nuages bas refermés sous vous sur les montagnes « au-dessous desquels c'est l'éternité ».
Le moteur peut lâcher, on s'en moque, on est sûr d'atteindre ce rectangle vert. Je m'appuie bien au dossier et pilote l'avion à la note du vent dans les câbles. Si je pique elle monte. Si je le retiens trop elle meurt doucement. Puis les dernières maisons, les derniers arbres lâchés, envolés en arrière : l'atterrissage. C'est délicieux d'atterrir. Ensuite on s'ennuie. On n'a pas de lettres. Je vous en veux de tout mon cœur.

Antoine
Palmarium
Perpignan 1926

Antoine de Saint-Exupéry
Lettres de jeunesse 1953

Albert Bausil

1881 - 1943

MOURIR DANS LES TRANCHÉES À 18 ANS

Albert Bausil, écrivain, journaliste, directeur du journal *Le Cri Catalan*, était aussi un fervent supporter du club de rugby l'A.S.P. (Association Sportive Perpignanaise), ancêtre de l'USAP, qui, contre toute attente, devint champion de France en 1914. La finale contre le Stadoceste Tarbais eut lieu le 3 mai à Toulouse dans un stade des Ponts-Jumeaux hostile aux Catalans car l'A.S.P. avait battu le Stade Toulousain en demi-finale. Le Stado menait au score 7 à 3 lorsque le capitaine de l'A.S.P. marqua un essai à deux minutes de la fin du match (mais ce n'était pas suffisant pour gagner car, à l'époque, l'essai ne valait que trois points ; il fallait donc réussir à transformer, du bord de la touche, pour gagner.) Le buteur, le jeune demi d'ouverture Aimé Giral, 18 ans, avait manqué la transformation, plus facile, du premier essai. Ce jour-là, sous les huées et les quolibets du public toulousain, il pose calmement son ballon, prend son élan et « l'envoie vers le ciel entre les bras des poteaux accueillants. » C'est fini ! Les Sang et Or sont champions de France, Aimé Giral est un héros. Trois mois plus tard, jour pour jour, le 3 août, l'Allemagne déclare la guerre à la France. Toute l'équipe est mobilisée sauf Aimé Giral et Joseph Couffe, l'arrière, trop jeunes ; ils voient leurs camarades partir, eux devront attendre un peu. Quel crève-cœur ! En novembre, alors qu'Aimé Giral fait ses classes, cinq de ses camarades de l'équipe championne ont déjà été tués au combat. Il monte au front en mai 1915 et est fauché le 22 juillet. Son ami Couffe sera tué le 30 septembre... L'A.S.P. a le triste privilège d'être l'équipe de France qui compte le plus de morts puisque huit joueurs, sur les quinze champions de France, ont donné leur vie pour la patrie. Avant le départ d'Aimé pour la guerre, Albert Bausil publie dans *Le Cri catalan* cette *Lettre à un de la classe 15*.

L'équipe de l'A.S.Perpignan, championne de France 1914. Aimé Giral est assis au 1er rang à droite

« Il faut ranger aussi dans l'armoire le beau maillot lavé à neuf et les gros souliers à crampons… il faut partir vers cette chose terrible : se battre. »

Mon ami, il faut fermer les cahiers et les livres. Il faut ranger le cartable, et l'équerre et les compas, et le plumier où sont les « crayons de couleur »…
Il faut ranger aussi dans l'armoire le beau maillot « lavé à neuf » et les gros souliers à crampons… il faut partir vers cette chose terrible : se battre.
Tu as 19 ans. Tu étais le gosse de la bande. Les autres, les aînés, étaient partis le premier jour, ardents, fervents, chantants, comme ils partaient pour Tarbes ou Bayonne. Toi, on t'avait trouvé trop petit. On t'avait laissé à la maison. Tu étais ce que nous appelons en catalan d'un joli nom familier et pittoresque : lo caga-niu. *On t'a laissé…*
Mais, au fond, tu avais honte, un peu. Il semblait qu'on venait, tout d'un coup, de te rayer de l'équipe et qu'on ne voulait pas de toi le jour du Grand Match… L'autre matin, seulement, tu as reçu ta convocation. Tu connais ça, les convocations !
Il y a deux mois, tu avais reçu l'autre, celle de la Faculté, pour le Bac. Cette fois, il s'agissait d'un examen de « physique » qui n'était pas fait pour te déplaire. Et l'athlète complet a été reconnu « bon » !
Il y a quelque chose de très joli dans la lettre où tu m'annonces le résultat :
« …J'aurais eu honte de ne pas être pris, de ne pas pouvoir aller venger mes camarades morts au champ d'honneur… »
Bravo petit ! C'est à toi de les venger, en effet. Tu vas entrer dans la carrière quand beaucoup de tes aînés, déjà, n'y seront plus.
Ton départ est moins brillant. Tu n'auras pas eu les cortèges enivrés du premier jour, ni les trains fleuris, ni les troupes chantantes, ni les Marseillaises envolées. Il n'y aura pas écrit « À Berlin » sur le wagon qui t'emportera, car nos espérances, aujourd'hui, sont devenues moins insolentes. Mais ta mission est plus belle. Elle se double d'un devoir. Il faut vaincre et il faut venger.
À tes épaules de 19 ans, fières du glorieux fardeau, le flingot sera léger, qui te donnera la vengeance et la victoire. Sans doute le sac sera pesant, et la capote souvent mouillée par les brouillards de la Meuse et du Rhin, et lourde la pelle des tranchées, et lourde la baïonnette pour l'assaut… Plus lourd tout cela, que le maillot de laine blanche et que le ballon de cuir, dont ta savate magistrale se débarrassait si bien, par-delà les poteaux, le soir de Toulouse…
Maintenant aussi, il s'agit de frapper juste et fort. Je te connais. Tu ne failliras pas à la besogne. Et là tu marqueras ton essai transformé en victoire par la volonté de tous.
Bonne chance, petit. Nous sommes sans crainte à ton sujet. Tu es né veinard. Tu pars au moment où la gloire grandit, où le danger paraît diminuer. Rassure-toi. Tu seras là « pour la seconde mi-temps ». *Et tu sais que, chez nous, c'est la bonne !*
Tu trouveras le quinze bien décimé… Quatre déjà sont sur la touche. Vous jouerez incomplets. Mais tu es remplaçant et les remplaçants nous ont toujours porté bonheur. Joue dur. Joue « personnel », nous te le permettons, mais joue serré. Et le soir de la revanche, nous irons t'attendre à la gare avec des feux de bengale, des musiques et des palmes, pour fêter, avec ton retour, la victoire de la grande équipe, des vrais champions de la France.

Albert Bausil

Claude Simon

1913 - 2005

LES FLONFLONS SE SONT TUS À VERNET-LES-BAINS

Claude Simon est un écrivain français lauréat du Prix Nobel de littérature en 1985. *L'acacia*, l'un de ses derniers romans, retrace le récit de sa famille à travers l'histoire tragique du XXe siècle, marquée par les deux conflits mondiaux. L'écriture de Simon, picturale, minutieuse, nous prend en otage dès les premières lignes du livre qui s'ouvre sur un paysage d'apocalypse : un champ de bataille du nord de la France en 1919, dans lequel trois femmes recherchent désespérément un indice, la dépouille ou la tombe d'un soldat tombé sous les balles allemandes dès le mois d'août 1914 ; c'était le mari de l'une, le frère des deux autres et le père du jeune garçon de cinq ans qui les accompagne. Confronté à une succession d'événements traumatiques (la mort du père qu'il n'a pas connu, celle de sa mère à 11 ans, et la sienne entrevue de très près en juin 1940) et à diverses errances, Claude Simon clôture enfin ce cheminement funeste, ce questionnement permanent sur le sens de sa vie, par le retour à la propriété familiale près de Perpignan après son évasion d'Allemagne. Il semble enfin trouver là un aboutissement à ce parcours chaotique, dans l'écriture, à l'ombre d'un vieil acacia. Grâce aux photographies de famille et à la correspondance échangée par ses parents, il évoque ici le séjour à Vernet-les-Bains avec sa mère en juillet 1914 (Il n'est alors âgé que de quelques mois), après le départ du père pour le front, et l'étrange atmosphère qui régnait cet été-là à l'Hôtel Ibrahim Pacha (aujourd'hui disparu) dans la petite station thermale au pied du Canigou.

« On aurait pu croire que rien n'était changé dans la petite ville d'eaux au pied des montagnes où les gens aisés de la ville fuyaient les étouffants étés... »

On n'en était encore qu'au tout début. Il n'y avait même pas un mois que la chose avait commencé, les maîtres d'hôtel au dos voûté déambulaient maintenant avec mélancolie entre les tables désertées (plus - ou presque plus - de dineurs, plus de joueurs de tennis, plus d'excursionnistes aux souliers ferrés traversant bruyamment le hall le soir, plus personne ne se pressant autour du kiosque à musique silencieux, plus de joueurs, plus d'épaules nues, de taffetas ni d'œillets blancs autour des tapis verts à présent sous leurs housses de serge), et entre les jeunes grooms (gamins du village voisin recrutés à la hâte, inutiles, affublés de tenues trop grandes tant bien que mal retaillées) et les jardiniers qui continuaient à entretenir les corbeilles de fleurs décorant les pelouses, il s'était pour ainsi dire creusé une sorte de césure, de béance, comme si le monde au masculin n'était plus à présent composé que d'enfants et de vieillards.
On aurait pu croire que rien n'était changé dans la petite ville d'eaux au pied des montagnes où les gens aisés de la ville fuyaient les étouffants étés : la même fraîcheur sous les ombrages du parc, les mêmes omniprésents murmures de ruisseaux, les mêmes orages d'août s'amassant certains après-midi, tout là-haut, autour des pics, crevant, les calmes et majestueux échos du tonnerre roulant et se répercutant au flanc des vallées, contre les pentes chauves déchirées de chicots, d'esquilles rocheuses, se boisant peu à peu à mesure que l'œil descendait jusqu'à l'opulente végétation de châtaigniers et de platanes, leurs opulents feuillages s'égouttant sur les pelouses au milieu desquelles s'élevait comme une pièce montée sur un coussin d'hortensias géants l'insolite et géante construction dont l'enseigne (HÔTEL IBRAHIM PACHA) en lettres dorées épousant les courbes de la marquise en forme d'éventail, aux élytres de fer et de verre, accroissait encore le caractère incongru, paradoxal, comme si avec sa consistance de crème fouettée, sa blancheur pour ainsi dire enrubannée de bleu pâle et de rose par les banquettes d'hortensias semblables à ces décorations de sucre dont s'ornent les chefs-d'œuvre de pâtisserie, elle avait été édifiée là, dans ce fond de vallée pyrénéenne, par la fantaisie de (ou en hommage à) quelque adipeux joueur de baccara à l'olivâtre visage surmonté d'un fez, aux grasses mains baguées, venu des bords du Nil ou du Bosphore l'honorer de sa clientèle, de ses pourboires et de son faste vaguement frelaté....

Claude Simon
L'acacia

Lisa Fittko

1909 - 2005

LE DERNIER CHEMIN DE WALTER BENJAMIN

Lisa Fittko, est une écrivaine et résistante juive venue habiter à Berlin avec sa famille dans les années 1920 ; militante engagée dans les mouvements socialistes et antifascistes, elle est obligée de fuir l'Allemagne en 1933. D'abord pour Prague où elle rencontre Hans Fittko qui devient son compagnon de vie et de lutte, puis en France où les autorités internent dans des camps les milliers de réfugiés qui fuient l'Allemagne. Lisa est d'abord retenue au Vél d'Hiv à Paris puis transférée à Gurs, près de Pau, d'où elle réussit à rejoindre Marseille à la faveur de la confusion qui suit la défaite de juin 40. Là s'organise, à l'initiative de Varian Fry[1], une filière de passage clandestin vers l'Espagne animée par Lisa et Hans depuis la petite ville de Banyuls, à quelques kilomètres de la frontière espagnole. De septembre 1940 au printemps 1941, à raison de 2 ou 3 « voyages » par semaine, ils vont guider plusieurs centaines de personnes jusqu'à Portbou, en Espagne, par un sentier de montagne, aujourd'hui chemin de randonnée appelé *Chemin Walter Benjamin*.

Walter Benjamin était un intellectuel berlinois, philosophe, historien de l'art et critique littéraire, ami de Bertold Brecht. Il sera le premier « client » de Lisa pour le passage en Espagne. Walter n'est pas en bonne santé et ce n'est qu'après plus de dix heures de marche, exténué, qu'il arrive à Portbou. Apprenant par les autorités franquistes que, dépourvu des visas nécessaires, il va être reconduit en France et donc livré aux Allemands, il met fin à ses jours la nuit même de son arrivée.

Lisa Fittko a évoqué toute cette période dans le livre *Le chemin des Pyrénées*[2]. Elle s'émerveillait à chaque passage au col de Rumpissar de la vue spectaculaire sur la mer et le littoral catalan (« *comme c'était beau, là-haut !* »). Le tragique n'efface pas la beauté. Elle raconte ici la première traversée de la frontière avec Walter Benjamin, la seule, malheureusement, qui se termina dramatiquement.

1. Journaliste américain qui a mis sur pied une filière qui sauva plusieurs milliers de juifs et d'intellectuels antinazis.

2. Réédité en 2020 : *Le chemin Walter Benjamin,* Ed. du Seuil.

La Tour Madeloc, sur les hauteurs de Banyuls

« De stupéfaction devant le tableau qui s'offrait soudainement à mes yeux, je crus un instant à un mirage... la Méditerranée bleu foncé. »

Me voici assise sur un sommet des Pyrénées en train de manger un morceau de pain acheté avec de faux tickets, tout en poussant les tomates vers Benjamin, en réponse à son « M'autoriseriez-vous, chère Madame, à me servir ? *» Eh oui, il était ainsi, notre vieux Benjamin, toujours aussi cérémonieux que s'il se trouvait à la cour d'Espagne.*

[...]

Nous nous levâmes pour poursuivre notre ascension. La montée était beaucoup moins rude à présent mais Benjamin, recru de fatigue, souffrait certainement : somme toute, il marchait depuis sept heures du matin. Son pas s'était encore ralenti tandis que ses haltes s'allongeaient, mais la cadence en demeurait parfaitement minutée. Il semblait tendu vers un seul but : garder le rythme.

Nous atteignîmes enfin la crête. Je précédais les autres, et m'arrêtai pour regarder autour de moi. De stupéfaction devant le tableau qui s'offrait soudainement à mes yeux, je crus un instant à un mirage. Tout en bas dans le lointain - là d'où nous venions - la Méditerranée bleu foncé. De l'autre côté, face à nous, des récifs tombant à pic sur une plaque de verre turquoise - une seconde mer ? Mais oui, naturellement, la côte espagnole ! Derrière nous, au nord, en demi-cercle, le Roussillon et la Côte Vermeille, en parure d'automne, avec une gamme infinie de jaunes et d'ocres. J'en eus le souffle coupé - je n'avais jamais vu pareille splendeur. Maintenant je le savais : nous étions arrivés en Espagne. Et je savais aussi qu'il suffisait de descendre tout droit pour atteindre le village. Le moment était venu pour moi de rebrousser chemin. Les autres avaient tous les papiers et visas nécessaires, mais moi je ne pouvais risquer de me faire arrêter en territoire espagnol. Je jetai un coup d'œil sur mon petit groupe : mais non, je ne peux pas encore les abandonner - je vais les accompagner un peu plus loin. [...]

Le chemin descendait maintenant en pente douce. Il devait être environ quatorze heures quand nous atteignîmes l'extrémité de la paroi rocheuse, et je voyais l'agglomération dans la vallée, toute proche.

– Là en bas, c'est Port-Bou. Avec le poste frontalier espagnol où vous irez vous présenter. Cette route y conduit tout droit. Une vraie route !

Nous étions partis à quatre heures du matin, Benjamin à sept. Nous avions donc mis, de Banyuls à ici, près de dix heures.

– Il faut que je m'en retourne, *annonçai-je*. Il y a presque une heure déjà que nous sommes en Espagne. La descente ne peut pas vous prendre bien longtemps, on voit les maisons d'ici. Allez directement au poste frontière, montrez vos papiers : passeports, visas de transit espagnol et portugais. Dès que vous aurez votre tampon d'entrée, prenez le prochain train pour Lisbonne. Mais vous savez tout cela. Moi je dois maintenant vous quitter. Au revoir !

Je les suivis un instant encore des yeux, regardai leurs silhouettes s'éloigner sur la route cahoteuse. Puis je pris le chemin du retour. Au bout d'un moment, j'éprouvai une sensation étrange : l'impression de me mouvoir dans un décor familier, alors que ce matin encore je m'y sentais étrangère.

Autre fait curieux : je n'étais pas fatiguée. Tout me paraissait facile, je me sentais légère, insouciante. Benjamin et les autres devaient être arrivés à présent. Que c'était beau là-haut ! Deux heures plus tard, j'étais de retour à Banyuls. Neuf bonnes heures pour la montée, deux pour la descente.

Lisa Fittko

Le chemin des Pyrénées, Souvenirs 1940-1941

Charles Trenet

1913 - 2001

JOURS HEUREUX DU CASTILLET AU CANIGOU

Charles Trenet, né à Narbonne, a passé une partie de son enfance à Perpignan où son père était notaire. La rencontre d'Albert Bausil, journaliste, homme de lettres et de spectacles sera déterminante pour la révélation et l'affirmation de sa vocation ; Bausil dira à ses amis : « *J'ai découvert un génie, le fils du notaire* ». Il publiera les premières poésies du « fou chantant », le fera jouer dans ses revues et l'encouragera à peindre, à écrire et à chanter ; le jeune Charles, renvoyé du lycée à seize ans, accompagnera son mentor dans ses tournées théâtrales et culturelles aux quatre coins du département. C'est là qu'il va découvrir les Pyrénées, en Cerdagne et au pied du Canigou.

« *Pour les échappées à Collioure où je peignais la vieille tour phallique, assis sur les marches de la chapelle Saint-Vincent, les escapades à Font-Romeu où, en échange de huit jours gratuits au Grand-Hôtel, nous écrivions, jouions et chantions des saynètes également interprétées par les jeunes clients, pour les haltes à Vernet-les-Bains, station d'ombre et de fraîches eaux...* »[1]

Convaincu de son immense talent, Bausil encourage le jeune Charles à monter à Paris ; il n'a que 17 ans. Trenet n'oubliera jamais le rôle joué par son mentor dans sa destinée et rendra hommage à plusieurs reprises à ces années de jeunesse comme dans les chansons « *Fidèle* » et « *Mes jeunes années* » où transparaît sa nostalgie des Pyrénées.

1. Charles Trenet, *Mes jeunes années racontées par ma mère et par moi*, Éd. Robert Laffont, 1978.

Le jeune Charles Trenet en 1938

Chantons les Pyrénées !

Mes jeunes années
Courent dans la montagne
Courent dans les sentiers
Pleins d'oiseaux et de fleurs

Et les Pyrénées
Chantent au vent d'Espagne
Chantent la mélodie
Qui berça mon cœur

Chantent les souvenirs
De ma tendre enfance
Chantent tous les beaux jours
A jamais enfuis

Et comme les bergers
Des montagnes de France
Chantent la nostalgie
De mon beau pays.

Charles Trenet

Dessin, *Trenet vu par Trenet*

Paul Fort

1872 - 1960

SUR LA ROUTE SERPENTINE DE LA CÔTE VERMEILLE

Paul Fort est un poète et dramaturge français. Il se destinait à une carrière militaire, mais la rencontre d'André Gide et Pierre Louÿs lors de ses études au lycée Louis-le-Grand va orienter sa vocation vers la littérature, le théâtre et la poésie. Il fréquente les milieux artistiques et littéraires (Verlaine et Mallarmé seront même ses témoins lors de son mariage) et crée la revue *Vers et Prose* avec Guillaume Apollinaire et Paul Valéry. En 1912, il reçoit le titre aujourd'hui suranné de « *Prince des Poètes* ». Il est l'auteur de plusieurs pièces de théâtre et des *Ballades françaises*, « somme » d'une quarantaine de recueils de poèmes sur les provinces françaises, des souvenirs de voyage. Plusieurs de ses poèmes furent mis en musique et chantés par Georges Brassens (*Le petit cheval, Comme hier, La Marine*...). Il est aussi l'auteur de la célèbre poésie *Le bonheur* encore enseignée à des générations de petits écoliers dans laquelle s'exprime la joie de vivre, un des thèmes récurrents de son œuvre :

« Le bonheur est dans le pré.
Cours-y vite, cours-y vite
Le bonheur est dans le pré.
Cours-y vite, il va filer... »

La Côte Vermeille
Affiche de P. Commarmond

La folle auto printanière

Un printemps fol est né, ma chère, dans l'hiver que nous traversions
de Perpignan au Cap Cerbère nous tuâmes des papillons.
Follement portés par la bise ils se brisaient au pare-brise.
Et nous étions fous de gaîté, fols d'innocente cruauté.
Que cette route sans pareille ficelant la Côte Vermeille
de ses lacets bordant à pic, sans garde-fou, cent précipices
nous enivra de ses dangers entre l'agave et l'oranger !
Et vit la Méditerranée notre folle papillonnée
frivoler au bord des calanques : le gouffre est là, flûte ! on le manque.
La belle mort nous eussions eue dans le soleil de l'eau - floc ! - zut,
ailée de quatre folles âmes l'auto volait : nous la manquâmes
cette Mort, la Mort Printanière, celle d'Icare car - peuchère ! -
de Perpignan au Cap Cerbère, un printemps fol est né, ma chère.

Paul Fort

« Cette mer, qui est vraiment le cœur et le charme du monde. Sur cet horizon bleuâtre, l'imagination enchantée vole vers l'Italie et la Grèce, vers l'Egypte, la Judée et l'antique Orient, vers Jérusalem, vers les Pyramides, vers le Parthénon ; vers Homère, Raphaël ; vers tous les doux noms, tous les grands souvenirs. Je suis heureux d'avoir aperçu ce soir pour la première fois cette belle mer, ces ondes charmées, dans une heure calme et recueillie, par-dessus l'ombre et la fraîcheur de ces belles montagnes. Cette vue n'a duré qu'un moment ; mais elle efface tout, tout le reste du chemin... »

Alfred Tonnelé
Trois mois dans les Pyrénées et dans le Midi en 1858

Côte Vermeille

CRÉDITS DES PHOTOS

Toutes les photos sont de Jean-Paul Azam sauf mention particulière.
p.2-3 : dessin de Jacques Liozu. *Les Pyrénées ;* p.5 : dessin de Ed. Whymper ; p.8 et 20 : Ramiro Arrue y Valle Musée Basque et de l'histoire de Bayonne ADAGP 2024 ; p.28 : Département des Pyrénées-Atlantiques, Archives dépt. 3Fi 75/68 ; p.34 : Michel Carossio ; p.36 : L'Equipe Presse Sports ; p.40 : Nicolas Chapuy *Voyages pittoresques et Romantiques dans l'Ancienne France,* Taylor et Nodier, Médiathèque Pierre Amalric Albi ; p.44 : Bibliothèque Municipale de Bourges, Fonds Alain-Fournier-Jacques Rivière AFd1-POR13 ; p.58 : William Oliver, Album *Scenery of the Pyrenees*, 1841 ; p.64, 66, 84 : Coll. Musée Pyrénéen de Lourdes. Photo Eric Bielle ; p.80 : Gustave Doré, Musée des Beaux-Arts, Pau, Dépôt du Musée Pyrénéen de Lourdes ; p.90 : Christian Talon ; p.110 : Eugène Trutat, Ville de Toulouse, Bibliothèque d'Etude et de Patrimoine - Rosalis TRUC C 95 ; p.116 : Villa Arnaga, Musée Edmond Rostand, Cambo-les-Bains ; p.118 : Centre François Mauriac de Malagar - https://malagar.fr ; p.130 : A.P.A. ; p.134 : Pat on stock ; p.136 : Paul Palau ; p.152 : Les Films SACA / Ditz / Bridgeman Images ; p.153 : Trenet vu par Trenet 1988 - Ville de Narbonne.

CRÉDITS DES TEXTES

REMERCIEMENTS

Le Musée Pyrénéen et la ville de Lourdes.
Jean-Luc Kerebel et les Editions Cairn.
Jean-Paul Rothiot, Président de l'Amicale des écoles normales des Vosges et de l'IUFM de Lorraine.
Isabelle Roquebert, Christian Laborde, Paul Palau, Pierre Peyré, Philippe Raugel, Christian Talon.

Le Papillon Rouge Editeur
27, rue du général de Gaulle
34 560 Villeveyrac
Tel. : 04 67 78 81 68
contact@papillon-rouge.com
www.papillon-rouge.com

Distribution : MDS
Diffusion : Média Diffusion
Conception de la maquette : Alice Dorques